KB145601

과학 수다 2

과학 수다 2

빅 데이터에서
투명 망토까지
누구나 듣고 싶고
말하고 싶은
7가지 첨단 과학
이야기

이명현 · 김상욱 · 강양구

추천의 말

과학자의 수다에는 뭔가 특별한 것이 있수다!

정재승 KAIST 바이오및뇌공학과 교수

2005년 여름, 몇몇 과학자들은 매주 포항 공과 대학교 무은재 기념관 5층에 모여 유쾌하기 짝이 없는 아이디어 회의에 여념이 없었다. KAIST 총장으로 잘 알려진 노벨 물리학상 수상자인 로버트 러플린 박사가 아시아 태평양 이론 물리 센터(Asia-Pacific Center for Theoretical Physics, APCTP) 소장으로 취임하면서 '과학자들의 생각을 세상이 읽을 수 있도록 과학 미디어를 만들라.'는 미션을 던졌다. 그것이 과학이 오래 살아남는 법이라고 그는 믿었다.

이를 위해 《크로스로드(*Crossroads*)》라는 잡지를 창간하게 됐고, 나는 그 잡지의 초대 편집장이 되었다. 과학자와 문학 평론가로 구성된 편집 위원들은 매주 모여 과학을 문화처럼 향유하는 생활양식을 갖기 위해, 과학적인 주제들에 대해 합리적인 논쟁과 소통이 가능한 사회를 위해, 과학 소설을 환대하는 매체를 만들기 위해, 날마다 토론을 했다.

도시락을 먹으며 출발한 점심 미팅은 어느새 저녁을 지나 새벽이 되어야 끝났다. 그리고 매번 진지하게 출발한 회의는 이내 유쾌한 수다로 마무리되곤 했다. 밤이 깊어질수록 우리의 수다는 더 깊고 보다 넓어졌다. 새벽이슬을 맞으며 숙소로 돌아오면서, 우리는 종종 이런 말을 주고받곤 했다. "우리의 수다를 책으로 만들면 이게 진짜 대박인데!"

우리는 정말로 진지하게《크로스로드》에 '과학자들의 수다'를 한 코너로 만들려고 했다. 바쁜 과학자들에게 원고를 요청하는 것보다 두세 시간 수다를 요청하는 게 훨씬 손쉬워 보였다. 무엇보다도, 그들의 대화는 지적이고 유쾌하고 기발할 것이며 어디로 튈지 종잡을 수 없기 때문에 더 흥미로울 것 같았다. 하지만 끝내 실현되지는 못했다. 신중하지 못한 말들을 잡담처럼 쏟아 내는 것에 대해 과학자들이 불편해 했기 때문이다.

그 후, 한국 물리학회의 하회지인《물리학과 첨단 기술》에서도, 또 KAIST가 야심차게 대학 출판부를 만들어 ㈜사이언스북스와 함께 책을 만들기로 하면서, 과학 수다는 다시 한 번 수면 위로 올라왔다. 특히 과학 수다에 대해 내가 깊은 애정이 있다는 사실을 사이언스북스 편집장은 익히 알고 있던 터라, 야심차게 시작해 보자고 의기투합이 되기도 했다. '과학 분야에, 이제 콘서트의 시대가 가고 수다의 시대가 온다.' 식의 광고 카피를 쓰면 어떻겠느냐는 농담도 주고받았다. 과학이 일상의 수다처럼 우리들의 삶 속에 가까이 다가갈 수 있기를 간절히 바라는 마음이 서로 통했기 때문이다.

하지만 'KAIST 명강' 시리즈를 먼저 출발하면서 과학 수다는 '앞으로 만들어야 할 책 리스트'에 안착하게 되었다. 그 사이 누군가라도 먼저 만들어 준다면 기꺼이 아이디어를 뺏기고 싶은 그런 책으로 말이다.

그런데 바로 그 유쾌한 일이 벌어지고 말았다.《크로스로드》에 함께 참여했던 강양구 기자가《프레시안》이라는 유연한 매체에 과학 수다를 기획해 연재하고, 지금은《크로스로드》의 편집 위원들이 된 김상욱 교수, 이명현 박사 등이 여기에 참여하면서 아무도 용기를 내지 못한 이 기획이 세상의 빛을 보게 된 것이다.

그 결과물은 내가 생각한 것보다 훨씬 더 흥미로웠으며 전혀 경박하지 않았다. 기생충에서부터 암흑 물질까지 소재를 가리지 않고, 양자 역학에서부터 복잡계 과학까지 온갖 이론이 난무하면서, DNA 같은 머리 지끈거리는 개념에서부터 빅 데이터와 3D 프린팅 같은 트렌디한 이슈까지, 과학자들의 수다는 종횡무진 거침이 없었다. 나는 이 책이 이렇게 근사하게 출간되는 데 실질적으로는 아무런 기여를 하지 않았지만, 오래전부터 '과학 수다를 하면 좋겠다.'는 수다를 떨었다는 이유만으로 영광스럽게 이 책의 첫 장을 장식할 수 있게 됐다. 기쁘고 영광스런 순간이다.

생각은 누구나 떠올릴 수 있지만 그것을 세상에 내놓는 것은 아무나 할 수 없는 것! 이 책의 공로는 오롯이 '수다에 이름을 올린, 우리나라의 내로라하는 과학자이자 재담꾼들'에게 돌아가야 한다. 그들은 물질과 에너지로 가득 찬 이 우주가 어떻게 생겼는지 우리가 상상할 수 있도록 도와주고 있으며, 복잡한 세상의 이면을 살펴보는 데 인간의 지성 정도면 충분할 수 있을 거란 자신감도 주었다. 무엇보다도, 우주와 자연과 생명과 의식은 그 자체로 더없이 경이롭지만, 그것을 탐구하는 과학자들의 지적 노력도 그 못지않게 경이롭다는 것을 일상의 언어로 일깨워 주었다.

과학자들과의 수다는 진지하고 유머러스하며 즐겁다. 이 책의 미덕은 과학자들을 자주 만날 기회가 없는 독자들에게 그들의 머릿속을 엿볼 수 있는 기회를 제공해 준다는 데 있다. 그들은 종종 (심지어 술자리 앞에서도!) 자신의 직업병을 숨기지 못하고 논쟁하길 즐겨하지만, 그것이 얼마나 진지하면서도 유익한지 이 책은 깨닫게 해 준다. 과학자들을 만나게 되면 꼭 묻고 싶었던 것들을 모더레이터들이 대신 물어 준 덕분에, 독자들은 마치 과학자들과 대화하는 듯한 경험을 하게 된다. 이 책이 독자들로 하여금 과학자에 대한 거리감을 좁히고 과학을 좀 더 친근하게 생각하는 데 기여하길 바란다. 그리고 개인적으로는, 이 유쾌한 과학 수다 때문에 콘서트의 시대가 끝나지 않기를 간절히 바란다.

프롤로그

어쩌면, 태초에 '수다'가 있었다!

강양구 지식 큐레이터

모든 것이 그날의 수다에서 시작되었다. 2011년 늦여름, 이명현과 강양구는 합정역 언저리의 카페에서 다른 지인 몇몇과 수다를 떨고 있었다. 여러 얘기가 오가던 가운데 과학을 둘러싼 다양한 이야기를 기존의 구태의연한 방식이 아닌 다른 모습으로 독자와 나눠 보자는 제안이 나왔다.

사실 둘은 이미 다른 과학자 몇몇과 팀을 이뤄서 화천의 시골 학교를 방문해 중학생을 상대로 1박 2일 강연도 해 보고, 서대문 자연사 박물관, 전국의 도서관, 홍익 대학교 인근의 문화 공간에서 여러 과학 주제를 놓고서 콘서트 형식의 릴레이 강연도 해 본 터였다. 그러니까 이런 형식 말고 다른 무엇인가를 해 보자는 것이었다.

기존에 과학이 소비되는 방식을 놓고서도 불만이 있던 터였다. "초등학생도 이해할 수 있도록 설명해 달라."는 요구는 근대 과학 혁명 이후에 짧게는 수백 년 동안 켜켜이 쌓인 지식에 당대 과학자의 탐구가 결합된 현대 과학에 대한 어처구니없는 결례가 아닌가! 지금은 '쉽게'보다는 '친절하게' 과학 이야기를 하는 자리가 필요하지 않을까?

그날의 수다는 평소와는 다르게 좀 더 구체적인 모습으로 발전했다. 과학자 몇몇이 모여서 한 가지 주제를 놓고서 자유롭게 수다를 떨어 보면 어떨까, 그리고 그런 수다를 가능한 한 현장의 분위기는 최대한 살리면서도 정보로서의 가치는 훼손되지 않게 가공해서 독자에게 소개하면 어떨까 등.

마침 그 즈음에 빛보다 빠른 물질이 발견되었다는 충격적인 보도가 나왔다. 이명현, 강양구에 더해서 수다라면 어떤 분야를 놓고서도 빠지지 않는 이강영 박사, 이종필 박사 그리고 박상준 SF 평론가가 평창동의 한 카페에서 모였다. 거의 세 시간이 넘도록 과학과 사회, 가상과 현실, 과거와 현재를 넘나드는 수다가 이어졌다. 말 그대로 '경이로운' 수다였다.

그리고 바로 그때 '과학 수다'가 세상에 선보였다.

그렇게 시작한 과학 수다는 일상의 수다가 종종 그렇듯이 계속해서 이어지진 않았다. 그러다 아시아 태평양 이론 물리 센터(APCTP)가 '과학 수다'를 통해서 만들어진 콘텐츠를 공식 웹진 《크로스로드》에 싣기로 하면서 상황이 급변했다. 이때 역시 수다 하면 빠지지 않는 물리학자 김상욱도 의기투합했다. 이명현-김상욱-강양구의 과학 수다 트리오가 진용을 갖춘 것이다.

2012년 12월부터 2014년 3월까지 총 열다섯 번의 과학 수다가 진행되었다. 그 과정에서 우리는 수다야말로 '과학의 경이로움'을 독자와 가장 효과적으로 나눌 수 있는 경이로운 수단이라는 사실을 새삼 확인했다. 이런 대발견을 놓고서 우리끼리만 즐거워하는 게 너무 아쉬워서 내놓은 것이 바로 이 책 『과학 수다』다.

'과학 수다'는 암흑 에너지, 힉스 입자, 생명 현상 같은 현대 과학의 핵심부터 핵에너지, 3D 프린팅, 빅 데이터 같은 현안까지 다양한 주제를 넘나들었다. 그 과정에서 우리는 새삼 '과학이 얼마나 재미있는 것'인지를 다시 한 번 깨달았다. 각각 천문학과 물리학을 연구하는 과학자인 우리조차도 잠시 '과학의 재미'를 잊었던 것이다.

사실 과학 수다의 작은 성과 가운데 하나는 고등학교부터 대학까지 과학자가 되기 위한 훈련을 받았으면서도 정작 과학의 경이나 재미에는 도통 관심이 없었던 강양구의 변화다. 과학자의 수다에 떡 벌어진 입을 다물 줄 모르며 감탄사를 연발하는 그의 변화를 보는 것도 과학 수다의 큰 즐거움 가운데 하나였다.

각각의 수다에 더해서 과학과 사회를 아우르는 색다른 얘깃거리의 단초를 제공하겠다며 강양구가 붙인 짧은 메모를 읽을 때, 이런 그의 변화를 염두에 두면 재미가 더할 것이다.

우리는 '과학 수다'를 통해서 깊이 있는 콘텐츠가 어떻게 만들어지는지를 놓고서 한 모범을 보여 주고 싶었다. 우선 수다의 모든 내용을 녹음하고 나서, 전문 속기사 황영희 선생님의 도움으로 완벽한 녹취록을 만들었다. 강양구의 컴퓨터 안에 들어 있는 현장 녹음 파일과 이 녹취록은 훗날 지금의 과학 문화를 증언하는 소중한 사료로 자리매김할 것이라 확신한다.

이 녹취록을 기반으로 초고를 만드는 작업은 한 편의 영화 촬영과도 같았다. 현장의 분위기는 가능한 한 생생히 살리되, 필요에 따라서 대화의 순서를 바꾸거나 내용을 추가했다. 그 과정에서 '과학 수다'에 참여한 과학자가 추천한 논문이나 책 등도 참고했고, 경우에 따라서는 강양구가 전화나 이메일로 추가 인터뷰도 진행했다.

이렇게 만들어진 인터뷰 초고를 수다에 참여한 과학자들이 검토하는 과정이 이어졌다. 이 과정에서 때로는 다시 한 번 내용의 일부가 첨삭되었다. 그러고 나서, 세 사람이 최종 원고를 같이 읽으며 마지막으로 오류가 없는지, 혹은 좀 더 나은 설명 방법은 없는지를 고민했다. 단언컨대, 가벼운 콘텐츠가 쉽게 만들어지고, 또 쉽게 소비되는 세태와는 다른 모습이었다.

《크로스로드》에서 '과학 수다'가 연재되는 동안 독자로부터 과분한 사랑의 말을 들었다. 어려운 과학 이야기를, 핵심적인 내용을 비켜가지 않으면서도 친절하게 들려주는 콘텐츠에 독자들이 목말라하고 있었다는 것을 새삼 확인할 수 있었다. 이제 이 책 『과학 수다』를 통해서 좀 더 많은 독자들이 그런 감흥을 다시 한 번 느낄 수 있으리라고 확신한다.

'과학 수다'에 즐겁게 참여한 과학자 여러분에게도 이 자리를 빌려서 다시 한 번 감사의 인사를 전한다. 이 책을 통해서 독자들은 우리나라 과학자들이 연구의 깊이뿐만 아니라 세상을 대하는 식견에 있어서도 세계 어떤 과학자와 비교해도 손색이 없음을 새삼 확인할 수 있을 것이다. 이제 과학 이야기도 한국의 과학자가 우리 입말로 직접 할 수 있는 때가 왔다.

이 책은 '과학 수다' 첫 번째 시즌의 최종 결과다. 더 재미있는 주제를 갖고 두 번째 시즌에서 다시 만날 것을 약속해 본다. 욕심 같아서는 이 책을 계기로 전국 곳곳에서 또 다른 '과학 수다'가 웅성웅성, 왁자지껄 나왔으면 좋겠다. 허락만 한다면, 그 과학 수다에 우리를 초대해도 좋다.

우리의 작업을 항상 응원하며 애정과 관심을 아끼지 않는 정재승 박사에겐 미안한 일이지만 정말로 이제 '콘서트'의 시대는 가고 '수다'의 시대가 왔다. 우리의 '과학 수다'는 앞으로도 계속될 것이다.

2015년 5월

필자를 대표해서 강양구

차례

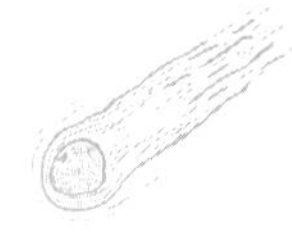

1권 차례

SF

아톰부터 커크 선장까지 SF의 세계로 초대합니다

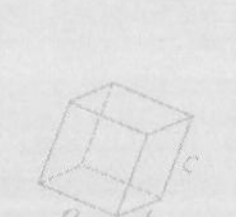

박상준
서울 SF아카이브
대표

김창규
SF 작가 /
번역가

이명현
과학 저술가 /
천문학자

강양구
지식 큐레이터

우리는 한때 모두 SF의 팬이었습니다.

인간보다 더 인간적인 로봇 아톰(1952년)에 마음이 끌렸고, 코난(1978년)의 끝없는 고난에 마음을 졸였습니다. "빔 미 업(Beam me up!)!" 외치며 순간 이동을 하는 커크 선장(1966년)의 활약상에 주목했고, 희대의 악한 다스 베이더(1977년)가 루크에게 "내가 네 아비다(No. I am your father.)." 말할 때, 가슴이 덜컥했죠.

외계인 이티(1982년)가 무사히 자신의 행성으로 돌아갈 때 안도의 한숨을 내쉬었고, 파충류 외계인 다이애나(1983년)가 쥐를 한입에 삼킬 때는 고개를 돌렸습니다. 교과서 속 희미한 화석으로만 존재했던 공룡(1993년)이 영화 「쥐라기 공원」으로 눈앞에 그 모습을 드러냈을 때는 놀란 가슴을 쓸어내렸죠.

이뿐만이 아닙니다. 한 편의 시 같은 영화로 재탄생한 「콘택트」의 앨리(소설은 1985년에 출판되었고, 영화는 1997년에 상영되었다.)와 함께 우주 저편에 있는 타자와의 만남을 꿈꿨습니다. 최근에는 할리우드식 히어로의 끝장을 보여 주는 아이언맨(2008년 상영작의 주인공)에게 지구의 운명을 맡겼죠. 그러니 소설이든, 영화든, 만화든 SF는 항상 우리 옆에 있었습니다.

그런데 이상합니다. 한국에서 SF를 창작하는 작가의 수는 채 20명도 되지 않습니다. 그들이 고료를 받고서 창작 SF를 발표할 곳은 아시아 태평양 이론 물리 센터(APCTP)가 발행하는 웹진《크로스로드》가 유일합니다. 잊을 만하면 SF 잡지가 등장하지만 몇 년을 버티지 못하고 문을 닫는 일이 부지기수입니다. 책이요? 당연히 안 팔리죠.

그나마 SF 영화, 만화 혹은 드라마가 가끔씩 화제가 되기도 합니다. 넓게 보면 SF로 분류할 만한 마이클 크라이튼이나 베르나르 베르베르의 소설도 주목을 받고요. 하지만 딱 그때뿐입니다. 이런 상황에서 어느덧 SF는 어릴 때나 읽는 '유치한' 것으로 인식되고 있습니다. SF의 번역어 '공상 과학 소설'은 그 단적인 증거죠.

박근혜 대통령이 틈만 나면 입에 올리는 말이 '미래 창조'입니다. 심지어 '미래 창조'를 앞에 붙인 부처까지 등장했습니다. 미래 창조? 생각해 보면, SF의 본질이 바로 '미래 창조' 아닌가요? 대통령까지 나서서 '미래 창조'를 강조하는 상황에서 정작 미래를 창조하는 장르인 SF는 기를 못 펴는 이유는 뭘까요?

이런 상황에서 SF의 과거, 현재 그리고 미래를 살피는 수다의 장을 한 번 열어 보기로 했습니다. 한국 SF의 산증인 박상준 서울 SF 아카이브 대표와 외국의 좋은 SF를 소개하고 또 직접 좋은 SF를 창작하는 김창규 작가가 가이드로 나섰습니다. 여러분은 SF의 세계와 접속할 준비가 되었습니까?

SF는 '공상 과학 소설'이 아니다

강양구 오늘의 주제는 '과학과 SF'입니다. 어디서부터 얘기를 시작해야 할지 약간 막막합니다만. (웃음)

이명현 이럴 때는 '이름'부터 따져 보면 얘기가 풀리죠. (웃음) 방금 언급한 'SF'는 'Science Fiction'의 약자입니다. 우리말로 번역하면 '과학 소설'인데요. 그런데 정작 일반 독자에게 익숙한 용어는 '공상 과학 소설'입니다. SF 작가는 '과학 소설'을 선호하는 반면에, 여전히 대다수는 '공상 과학 소설'이라고 얘기하는 분위기고요.

김창규 개인적으로 '공상 과학 소설'이라는 용어 자체는 아무런 거부감이 없습니다. 다만 한국에서 '과학 소설' 앞에 붙는 '공상'이라는 말에는 SF를 비하하는 뉘앙스가 있는 것 같아요. 허황되고 심지어는 쓸데없는 소설이라는 그런 부정적인 뉘앙스요. 그래서 SF를 창작하거나 좋아하는 이들은 '공상'이라는 말을 떼고 싶어 하죠.

그런데 이런 바람과는 달리 여전히 보통 사람들은 '공상 과학 소설'을 선호합니다. 심지어 SF 작가나 애독자의 바람을 누구보다도 잘 알 만한 출판사도 '공상 과학 소설'로 광고를 하더군요. 사정을 알아보니, SF를 '과학 소설'이라고 번역하면 사람들이 어려운 것, 생소한 것으로 생각한다는 거예요.

강양구 그런데 한편으로는 SF 작가 등이 너무 예민한 게 아닌가 하는 생각이 들 때도 있습니다. '공상'이 나쁜 건가요? (웃음)

김창규 제가 아까 SF 작가 입장에서 '공상 과학 소설'이라는 용어 자체에는 거부감이 없다고 한 것도 바로 그런 이유 때문입니다. 창작자 입장에서는 머릿속에서 공상을 하지 않으면 SF를 쓸 수 없으니까요. (웃음) 하지만 SF를 '공상 과학 소설'이라고 부르며 폄하하는 분위기가 유쾌하진 않죠.

이명현 여기서 처음에 '공상 과학 소설'이라는 번역어가 어떻게 탄생했는지 살펴보면 어떨까요?

박상준 사실 SF의 번역어를 둘러싼 사정을 자세히 살펴보면 낯 뜨거워지는 부분이 있습니다. 1959년에 일본의 하야카와 출판사가 미국의 과학 소설 잡지 《더 매거진 오브 판타지 앤드 사이언스 픽션(*The Magazine of Fantasy and Science Fiction*)》과 제휴해 월간 잡지 《S-F 매거진(S-F マガジン)》을 창간합니다.

이때 잡지 표지에 "공상 과학 소설지(空想科學小說誌)"를 부제로 사용합니다. 당연히 '공상(空想)'은 미국 잡지 이름의 '판타지(Fantasy)'에 '과학(科學)'은 '사이언스(Science)'에 대응하는 것이었죠. 그러니까 일본에서는 판타지 소설과 과학 소설을 아우르는 용어로 '공상 과학 소설'을 사용했는데, 그게 우리나라에 들어오면서 과학 소설만을 가리키는 용어로 자리를 잡았죠.

강양구 만약 그때 일본에서 '환상 과학 소설'이라고만 불렀어도 SF의 번역어를 둘러싼 지루한 논쟁은 없었겠군요. (웃음)

박상준 맞아요. 일본어판을 중역한 SF가 한국에 들어오면서, '공상 과학 소설'이 애초 일본과는 다른 맥락에서 SF를 가리키는 용어로 굳어진 겁니다. 그런데 흥미로운 건 북한과 중국이에요. 북한도 SF를 '과학 환상 소설'이라고 부릅니다. 중국에서는 '과환 소설'이라고 부르고요. 중국의 가장 유명한 SF 잡지도 《과환 세계》죠.

이명현 그렇다면 어떻게 용어를 정리하는 게 좋을까요?

박상준 '과학 소설'로 번역하는 게 제일 간단합니다. 그런데 영어가 모국어가 아닌 나라에서도 SF를 그냥 '사이언스 픽션' 혹은 'SF'라고 부르는 경우가 많아요. 더구나 요즘엔 SF가 소설뿐만 아니라 SF 영화, SF 게임 이렇게 가지를 뻗어 나가고 있어서 상황이 더 복잡하죠. 그래서 일본에서도 SF 소설은 그냥 'SF 소설' 그리고 SF 장르 전체는 'SF'라고 부르죠.

강양구 SF의 번역어를 둘러싼 사정을 살펴보면 한국 출판 특히 SF 출판의 '어두운 과거'가 나오죠. 그런데 지금이야 성인 독자를 대상으로 한 SF가 꽤 많이 있지만, 불과 1980년~1990년대 초반까지만 하더라도 SF는 대개 어린이 소설로 취급을 받았습니다. 중요한 SF 작품은 대개 일본어 중역본이나 축약본 형태로 어린이를 위한 전집류로 유통되었죠.

이 과정에서 방금 살펴본 것처럼 '공상 과학 소설'이라는 용어가 SF의 번역어로 굳어지는 부작용이 있었습니다. 그런데 한편으로는 그런 소설이라도 없었더라면, 하는 생각도 듭니다. 저는 SF의 팬이라고 할 수도 없는 아주 평범한 독자입니다만, 최근에 소개되는 중요한 작품들이 어렸을 때 읽었던 '그 소설'이라는 걸 알고서 흥분할 때가 있습니다.

박상준 1990년대 초반까지만 하더라도 일본에서 나온 어린이용 SF 전집을 거의 그대로 중역해서 한국에서 출판했던 것이 시중에서 구할 수 있는 SF의 대부분이었죠. 제목은 물론이고 심지어 표지, 삽화까지 일본 걸 그대로 따온 게 많다 보니, 지금의 기준에서 보면 낯 뜨거운 게 사실입니다.

그런데 방금 언급했듯이 지금 이 자리에 모인 사람들을 포함해서 30대 중반

이상의 세대는 다들 어릴 적에 한 번씩 그런 어린이용 SF 전집을 접하고 자랐을 거예요. 그리고 역설적이게도 그런 조악한 SF를 접한 이들 중에서 바로 지금 활동 중인 작가나 열성 독자들이 나왔다는 거예요.

김창규 저의 경우에는 그런 전집 말고도 《소년 중앙》 같은 잡지를 통해서도 SF 단편을 많이 접했던 기억이 납니다. 아마 채울 만한 국내 콘텐츠가 없어서 궁여지책으로 실은 거겠지만, 당시 그런 잡지에는 외국의 단편 SF, 판타지 등이 많았어요. 또 드물긴 했지만, 우리나라 작가들이 그린 SF 만화도 있었죠.

돌이켜 생각해 보면, SF뿐만 아니라 최신 과학 정보를 기사로 접할 수 있었던 매체도 그런 잡지였던 것 같아요. 당시만 하더라도 학교의 과학 시간 말고는 과학 정보를 접할 수 있었던 곳이 전무했거든요. 그러니 그런 잡지에 실린 SF와 기사는 거의 유일한 '정보의 원천'이었던 셈이죠.

박상준 그때는 SF 자체도 과학 지식을 전달하는 수단의 기능도 했을 거예요. 여기 모인 이들보다는 윗세대가 좋아했던 만화가 중에 『라이파이』를 그린 김산호 화백이 있습니다. 1959~1962년에 나온 『라이파이』는 전형적인 SF 만화입니다. 그런데 그 만화를 보면 중간에 전면을 할애해서 『라이파이』에 등장하는 과학 설정과 배경 지식을 설명해요.

그러니까 당시에 『라이파이』는 단순한 SF 만화가 아니라 학교에서 배우지 못한 과학 지식을 접할 수 있는 드문 통로였던 셈입니다. 이렇게 SF가 교양 과학 지식의 창구 역할을 하는 사정은 지금도 마찬가지인 것 같아요. 일본 만화 중에 1991년부터 2003년까지 12권으로 나온 『사일런트 뫼비우스』가 있어요.

그런데 이 『사일런트 뫼비우스』를 보면 '우주 엘리베이터'가 나와요. 확인해 보지는 않았지만, 2000년대까지만 하더라도 소수의 전공자를 제외하고는 우리나라의 대다수 과학자도 우주 엘리베이터가 정확히 어떤 개념인지 몰랐을 거예요. 하지만 그 만화를 본 독자들은 이미 1990년대 초에 비교적 정확히 그것이 무엇인지 알았겠죠.

SF는 '과학'이 아니다

이명현 기왕에 SF와 과학 얘기가 나왔으니 화제를 바꿔 보죠. SF를 '과학'을 붙여서 '과학 소설'이라고 칭하는 이유는 뭔가요? 일반 '소설'과 뭐가 다른가요?

박상준 SF는 산업 혁명 이후에 과학 기술이 급속히 발달하면서 그로 인해 나타난 여러 가지 새로운 상황을 스토리텔링에 녹여 낸 새로운 소설 장르입니다. 그럼, 첫 SF는 뭘까요? 대개 룩셈부르크 태생의 미국인 휴고 건스백이 1911년 자신이 펴내는 전기 공학 잡지에 실은 「랄프 124C 41+」를 첫 SF로 봅니다.

강양구 미국의 권위 있는 SF 상인 '휴고 상'의 그 휴고군요.

박상준 맞아요. 「랄프 124C 41+」는 1925년에 책으로도 나왔죠. 우리나라에는 『27세기 발명왕』 등 여러 제목으로 소개가 되었죠. 이 소설은 과학 기술이 발달한 미래 사회를 배경으로 한 가벼운 로맨스 스릴러입니다. 건스백은 '사이언티픽션(scientifiction)'이라는 말을 처음 사용했고, 아예 1926년에는 첫 SF 잡지 《어메이징 스토리스(*Amazing Stories*)》도 창간합니다.

이명현 메리 셸리의 『프랑켄슈타인』(1818년)이나 쥘 베른의 『지구에서 달까지』(1865년), 허버트 조지 웰스의 『타임머신』(1895년) 등도 있잖아요.

박상준 그런 소설이 애초 발표될 때 SF라는 자각은 없었죠. 베른의 소설은 모험 소설 장르로 창작이 되었죠. 셸리의 『프랑켄슈타인』은 스스로 자신의 외연을 넓혀서 장르를 만들어 낸 경우고요. 건스백 이후에 주로 시간 때우기용 소설로 읽히던 SF가 20세기 중반에 이르면 과학 기술을 통해서 사회, 더 나아가 인간을 탐구하는 식으로 진화합니다.

강양구 어떤 계기가 있었나요?

박상준 애초 SF는 과학 기술의 급속한 발전에 영감을 받은 소설 장르였습니다. 그 때문인지 처음에는 과학 기술이 획기적으로 발달한 미래의 어느 시점을 배경으로 한 활극이 많았어요. 이런 초기 SF의 상당수가 보통 '펄프 픽션'이라고 부르는 일종의 시간 때우기용 소설이었습니다.

그런데 양차 세계 대전을 거치면서 과학 기술에 대한 사회의 인식이 달라졌죠. 전쟁을 통해서 과학 기술의 압도적인 힘과 또 그것이 인류에게 끔찍한 재앙이 될 수도 있다는 사실을 생생히 봤죠. 이 과정에서 SF도 단순히 시간 때우기용이 아니라 그 안에 철학적 세계관이나 정치적 입장을 담을 수 있는 장르로 변모합니다.

이런 변화의 계기가 되는 일화도 몇 개 있었죠. 그중 하나만 소개하죠. 제2차 세계 대전이 일어나기 전에 미국의 한 소설가가 SF를 발표해요. 당시는 독일에서 히틀러의 나치스가 한창 세를 불리고 있었던 때죠. 미국에서도 그를 지지하는 목소리가 상당히 컸고요. 그때 그 소설가가 자신의 작품에서 주인공이 타임머신을 타고 과거로 가서 게르만 민족의 시조를 죽이는 설정을 합니다.

당연히 그 소설의 논리 속에서는 현실에서 히틀러를 비롯한 게르만 민족이 일시에 사라지죠. 시간 여행이라는 지극히 평범한 SF의 소재를 활용해서 일종의 정치적 메시지를 전한 셈입니다. 이 일화를 통해서 많은 이들이 SF가 정치적으로 민감한 목소리를 담을 수 있는 소설 장르라는 사실을 깨닫게 되죠.

김창규 휴고 건스백 이후에 미국에서 SF 활극이 유행했을 때도 이미 유럽이나 제3세계에서는 SF를 통해서 인간과 사회에 묵직한 질문을 던지는 시도가 있었어요. 단지 그 소설이 SF 장르라는 자각이 없었을 뿐이죠. 그런 점에서 전후 미국에서 나타난 SF의 진화는 늦은 감이 있죠.

요즘의 SF에서 인간과 사회에 대한 질문은 필수불가결한 요소입니다. 심지어 청소년용 SF에서도 계급 문제에 대한 고민은 필수적이에요. 그러니까 특정한 과학 기술과 대응되는 사회의 여러 모습이 어떤지를 그럴듯하게 묘사하지 못하는 소설은 결코 좋은 평가를 받지 못합니다. 그런 점에서 여전히 SF에서 '과학'에만 방점을 찍으려는 시도는 촌스럽죠.

이명현 '하드 SF'라는 장르가 있잖아요?

김창규 하드 SF는 과학 기술이 차지하는 비중이 크거나 혹은 스토리텔링에서 특정 과학 지식의 역할이 중요한 작품을 일컫는 말이죠. 농담 반 진담 반으로 말하면, SF 소설 중에는 어려운 과학 용어가 많이 나오는데 정작 그것을 읽지 않아도 이야기를 따라가는 데는 전혀 문제 되지 않는 작품이 있습니다. (웃음) 바로 그런 소설이 하드 SF입니다.

그런데 하드 SF도 과학 기술에만 초점을 맞추면서 그것과 관계된 이야기가 엉터리면 결코 높은 평가를 받지 못하죠. 영어권에서는 하드 SF 작가 중에 현직 과학자나 엔지니어가 많은데요. 그중에서 좋은 평가를 받는 작품을 내놓은 이들은 그리 많지 않습니다.

강양구 그런데 SF 작가나 혹은 열성 독자 중에서도 "SF가 좀 더 과학에 기반을 둬야 한다." 이런 주장을 하는 이들이 있잖아요? 물론 이 질문을 제대로 이해하려면 도대체 '과학'이 무엇인지를 설명해야 합니다만……. (웃음) 대체로 이런 주장을 펴는 분들은 SF가 현실의 과학 지식에 기반을 둬야 한다고 믿는 것 같습니다. 그리고 그걸 과학이라고 여기는 것 같고요.

그런데 비록 얕은 수준의 고민이긴 합니다만, 이런 견해를 접할 때마다 고개가 갸우뚱해진 게 사실입니다. 설사 이분들의 주장처럼 과학 지식의 많고 적음에 따라서 '과학/비과학'이 나뉜다고 하더라도, 그 잣대를 SF에 들이대는 게 과연 정당한가, 이런 의문이 들거든요. SF는 '과학'이 아니라 '소설'인데요. (웃음)

김창규 SF가 현실의 과학 지식에 기반을 둬야 한다, 이런 얘기를 하는 분들이 읽고 쓰면 딱 좋을 법한 소재가 있어요. 바로 대전의 과학 기술 연구소에서 벌어지는 과학자의 로맨스요. 과학자의 로맨스에 그들의 최신 과학 연구 내용을 적절히 녹여 내면 되잖아요. (웃음) 그런데 저는 그런 소설은 SF가 아니라고 생각합니다.

박상준 흔히 일반인이 SF에 대해서 갖는 세 가지 부정적인 선입견이 있어요.

'첫째, SF는 유치하다.' '둘째, SF는 어렵다.' '셋째, 과학 기술의 최신 성과를 내용 속에 잘 담았거나 혹은 설정이 기존 과학 이론에 부합하는 것이 좋은 SF다.'

첫째 편견에서 SF를 구하려는 이들이 셋째 편견을 조장하고 그것이 둘째 편견을 낳는 악순환이 계속되고 있는데요. 분명하게 말하는데, SF는 당대의 과학으로부터 구속받을 필요도 없고, 받아서도 안 됩니다. 만약 그렇게 생각하는 SF 작가나 독자가 있다면, 그것은 SF를 '쉽게 풀어 쓴 과학 교양' 정도로 격하시키는 거죠.

SF는 그 자체로 문학입니다. 상상력에 기반을 둔 스토리텔링이죠. 그렇기 때문에 여기에 어떤 식으로든 제한을 두는 건 옳지 않아요. 예를 들어 볼까요. 가끔 할리우드 SF 영화를 놓고서 영화 속 설정이 과학 지식에 비춰 봤을 때 옳은지, 그른지를 따지는 경우가 있습니다. 책도 여럿 나와 있죠. (웃음)

그런 책의 목적이 SF 영화를 소재로 당대의 과학 지식을 독자에게 쉽게 전하려는 의도라면 오케이, 좋습니다. 하지만 바로 그런 영화 속 오류를 들이대면서 그 SF 영화를 평가한다면 그건 틀렸습니다. SF 영화는 그 자체의 스토리텔링이 얼마나 개연성이 있는지 혹은 관객에게 어떤 심미적, 도덕적 충격을 줬는지 등의 기준으로 평가해야죠.

좋은 예가 있습니다. 1956년에 당시 유명한 천문학자였던 리처드 울리가 영국 왕립 천문대 대장으로 취임하면서《타임》과의 인터뷰에서 "우주여행은 완전한 헛소리"라고 호언장담했어요. 그런데 바로 1년 뒤인 1957년 소련이 최초의 인공 위성인 스푸트니크 1호를 쐈죠. 그리고 1961년에 유리 가가린이 최초로 우주 비행에 성공했습니다.

그로부터 20년도 안 지난 1969년 7월 20일, 닐 암스트롱이 달에 발자국을 남겼지요. 당대의 과학 지식에 갇힌 상상력이 얼마나 협소한지 보여 주는 좋은 예죠. 『2001 스페이스 오디세이』(김승욱 옮김, 황금가지, 2004년) 등을 쓴 SF 거장 아서 클라크가 이런 얘기를 한 적이 있습니다. '클라크의 법칙'이라고 부르기도 하는데요.

> 매우 유명하고 나이가 지긋한 과학자가 어떤 것이 가능하다고 말하면 대부분 맞을 것이다. 하지만 그가 어떤 것이 불가능하다고 말한다면, 그건 틀릴 가능성이 매우 크다.

강양구 울리는 불행히도 이 클라크의 법칙을 증명하는 불운한 사나이가 되었네요. (웃음)

이명현 그렇다면, 과학 지식의 많고 적음이 SF의 본질이 아니라면 무엇이 SF의 고유한 특징이라고 할 수 있을까요?

김창규 SF에 등장하는 과학은 현대 과학의 시각에서 보면 얼토당토않은 것도 많잖아요. 일단 대다수 과학자는 과거로의 시간 여행은 불가능하다고 못 박고 있어요. 그런데 SF에서 중요한 것은 거기서 등장하는 과학의 실현 가능성이 아닙니다. 오히려 중요한 것은 특정한 과학 기술이 등장하는 SF 속의 세계가 얼마나 모순 없이 창조되었느냐는 거예요.

바로 이 점에서 과학자와 공통점이 있습니다. 과학자는 특정한 과학 모형을 구상하고 검증하려고 합니다. 그런데 이 과정에서 앞뒤가 안 맞는 모순이 있으면 안 되죠. SF도 마찬가지입니다. 작가가 창작한 세계의 여러 가지 요소—과학 기술, 사회, 인간 등—가 유기적으로 구성되지 않으면, 그 소설은 실패할 수밖에 없어요.

강양구 그런 맥락에서 과학은 과학 지식의 유/무가 아니죠. 일종의 합리성이야말로 과학과 비과학을 가르는 태도라고 생각합니다만…….

박상준 맞아요. 김창규 작가가 정확히 지적한 대로, 작가는 SF 안에서 어떤 것이든지 자유롭게 상상할 수 있어요. 다만 그 작품 안에서는 앞뒤 논리가 딱딱 맞아야죠. 그리고 그런 논리를 얼마나 합리적으로 제대로 구현해 냈는지에 따라서 독자로부터도 호응을 받을 수 있어요. 그리고 바로 그게 탄탄한 스토리의 기본 조건입니다.

강양구 그런 점에서 아까 언급한 두 번째 편견도 문제죠. SF는 어렵다는…….

김창규 저는 이런 구분은 안 좋아하지만, 일반 문학 작가 중에도 SF 창작을 주저하는 이유를 과학 지식의 부재에서 찾더군요.

실제로 영미권에서 토론이 있었습니다. 어느 정도의 과학 지식을 갖추면 SF를 쓸 수 있는가. SF 작가도 참여한 토론이었고요. 그 토론에서 결론도 나왔습니다. 우리나라에 견주면, 중학교 3학년 정도의 과학 지식이면 충분하다는 얘기였죠. 다른 말로 하자면 높은 수준의 과학 지식이 SF의 본질은 아니라는 얘깁니다.

중요한 것은 특정한 과학 기술이 등장하는 SF 속의 세계가 얼마나 모순 없이 창조되었느냐는 거예요.

이명현 방금 중학교 3학년 정도의 과학 지식이라고 언급했지만, 그 얘기를 중학교 3학년 교과서에 나오는 과학 용어를 읊어야 한다는 식으로 이해를 해서는 곤란합니다. 중학교 3학년 정도면 습득하는 세상을 바라보고 이해하는 합리적인 사고방식 혹은 과학적 방법론 같은 게 정말로 중요하죠.

김창규 사실 SF 걸작 중에는 과학 용어가 하나도 안 나오는 것도 많습니다. (웃음)

과학이 SF를 낳았고, SF가 과학을 만들다

이명현 SF와 과학의 공통점을 따질 때 '경이감(sense of wonder)'도 빼놓을 수 없겠죠. 새로운 발견에 따르는 경이로움을 빼놓고 나면 과학에 뭐가 남을까 싶습니다. SF는 어떤가요?

박상준 장르 소설 중에는 판타지, 로맨스, 스릴러, 미스터리, 웨스턴 등 여러 가지가 있어요. 그중에서 SF가 다른 장르와 특히 구분되는 독특한 정서가 바로 방금 지적한 '경이감'입니다. 그런데 SF의 경이감은 과학자가 연구를 하면서 느끼는 경이감과 한편으로는 같으면서도 한편으로는 다릅니다.

SF 작가는 현실에 존재하지 않는 것을 이것저것 제시하고, 그것에 기반을 둔 새로운 세계를 상상합니다. 독자는 그렇게 SF 작가가 창조한 세계를 보면서 경이감을 느끼죠. 반면에 과학자는 현실에 존재하는 것을 발견함으로써 경이감에 다가가죠. 그런데 종종 이 둘이 연결될 때가 있어요. SF 작가가 상상력에 기반을 두고 창조한 것을 과학자가 현실로 만드는 겁니다.

이명현 실제로 SF에서 받은 영감이 과학 탐구로 이어진 경우가 많았죠?

박상준 굉장히 많았죠. 얼른 생각나는 게 바로 「스타트렉」입니다. 1966년에 「스타트렉」이 미국에서 처음 텔레비전 드라마로 방영될 때, 가장 유명한 설정이 순간 이동이잖아요. 유명한 대사도 있죠. "빔 미 업(Beam me up!)!" 하면 우주선 엔터프라이즈호로 순간 이동을 하잖아요.

그런데 이게 뒷얘기가 재밌어요. 엔터프라이즈호는 엄청나게 크잖아요. 당시의 과학 지식으로도 엔터프라이즈호가 직접 행성 표면에 착륙하는 건 비효율적인 일이었던 거예요. 그럼, 모선과 행성 사이를 이동할 작은 착륙선이 있어야죠. 그런데 착륙선 세트를 만들기에는 제작비가 모자랐다고 합니다.

그래서 당시로서는 뿅 하고 나타났다 뿅 하고 사라지는 억지 설정을 넣은 거죠. 그런데 1997년에 비록 입자 수준이긴 하지만 텔레포테이션, 그러니까 순간 이동에 성공했죠.

강양구 1997년에 안톤 차일링거가 처음 성공한 다음에, 2007년에는 그 거리가 144킬로미터로 멀어졌죠.

박상준 그 실험에 참가한 과학자들의 인터뷰를 읽은 적이 있었는데, 한 과학자가 「스타트렉」을 언급하더군요. 「스타트렉」의 순간 이동을 보면서 '저런 일이 가능할 수도 있지 않을까.' 이런 생각을 하던 게 결국 이런 연구로 이어진 거라고요. 이렇게 SF로부터 영감을 받았다는 과학자나 엔지니어는 부지기수입니다.

최고의 로봇 과학 기술자에게 주는 조지프 엥겔버거 상이 있습니다. 1956년에 미국에서 세계 최초의 로봇 회사 '유니메이션'을 창업한 조지프 엥겔버거의 이름을 딴 상이죠. 이 유니메이션은 산업용 로봇을 처음으로 양산한 회사입니다. 그런데 이 엥겔버거가 산업용 로봇 회사를 창업한 계기가 바로 대학생 때 읽은 아이작 아시모프의 『로봇』 연작이었습니다.

지금 인간의 신체와 유사한 휴머노이드 로봇 분야를 선도하는 나라는 일본입니다. 그런데 과연 데즈카 오사무의 「철완 아톰」이 없었더라도 일본이 저렇게 휴머노이드 로봇의 강국이 되었을까요? 이와 관련해 흥미로운 데이터가 하나 있는데 스티븐 스필버그 감독의 영화 「A.I.」(2001년)가 전 세계에서 가장 흥행에 성공한 나라가 일본이었대요.

강양구 「A.I.」의 주인공 소년 로봇의 이미지가 아톰의 이미지와 겹치네요.

박상준 맞습니다. 지금 우리의 피부에 와 닿는 가장 극적인 예는 '사이버스페이스'죠. 윌리엄 깁슨이 1984년에 쓴 『뉴로맨서』(김창규 옮김, 황금가지, 2005년)에서 컴퓨터 네트워크로 연결된 가상의 세계를 가리키면서 이 용어를 처음 사용했어요. 그런데 정작 깁슨은 당시만 하더라도 퍼스널 컴퓨터도 접한 적이 없는 말 그대로 '컴맹'이었답니다. (웃음)

이 『뉴로맨서』의 첫 번째 한국어 번역판에서 '사이버스페이스'를 어떻게 옮겨 놓은 줄 아세요? '전뇌(電腦) 공간'이에요. (웃음) '전기 두뇌 공간'을 가리키는 일본어를 그대로 번역한 겁니다. 그러다 나중엔 '사이버스페이스'가 번역어로 그대로 굳었죠. 아, 닐 스티븐슨의 『스노크래시』(남명성 옮김, 대교베텔스만,

2008년)도 빠뜨릴 수 없네요.

김창규 『스노크래시』는 20세기의 가장 뛰어난 영어 소설 100편에 들어갈 정도로 문학성을 인정받는 작품입니다. 그런데 바로 이 『스노크래시』에서 '아바타'가 처음 등장했죠. 우리가 지금 사용하는 딱 그대로입니다. 아바타가 등장하는 온라인 게임 「세컨드 라이프」의 제작자가 아예 『스노크래시』에서 영감을 받았다고 언급했을 정도죠.

참, 폴 버호벤 감독의 영화 「스타십 트루퍼스」(1997년)의 원작이 로버트 하인라인이 1959년에 발표한 『스타십 트루퍼스』(김상훈 옮김, 황금가지, 2014년)입니다. 영화에서도 재현되지만 이 소설에서 처음으로 신체 기능을 보호·강화하는 장갑복이 등장해요. 군인들이 장갑복을 입고서 우주 벌레와 싸우죠. 그런데 그 뒤로 미국 군대에서 장갑복을 도입하려는 움직임이 계속해서 있었습니다. 지금도 계속 개발 중이고요.

지금은 그런 장갑복이 대중에게 전혀 낯설지 않죠. 아이언맨이 있잖아요. (웃음)

이명현 생각해 보면, 과학자가 SF를 통해서 영감을 얻는 것은 당연한 일입니다. 과학도 상상(想像)이 먼저죠. 가설을 세우고, 모형을 만드는 일은 항상 상상하는 것부터 시작하니까요. 그런데 이런 상상은 의식적이든 무의식적인 그 과학자가 속해 있는 사회의 영향을 받을 수밖에 없어요.

과학사의 많은 연구는 특정 과학자의 연구가 그가 속한 시대의 산물이라는 걸 보여 주죠. 그런 점에서 당대의 집합적 상상력의 재현인 SF가 과학자에게 중요한 자극제가 되는 건 당연한 일이죠. 아마도 SF 소설, 영화, 드라마가 과학자에게 끼치는 영향력은 생각보다 훨씬 클 거예요. 당사자가 그것을 또렷하게 인식하지 못할 뿐이죠.

왜 과학자의 SF는 재미가 없는가?

강양구 박상준 선생님, 김창규 작가님 같은 경우는 과학자와 소통할 기회가 있잖아요. 어떻습니까? 과학자와 직접 소통하다 보면 SF 작가와 과학자 사이에 어떤 공통점과 차이점이 있습니까?

김창규 2011년에 초광속 입자가 발견이 되었다고 한창 떠들썩했잖아요. 그때 포항에서 과학자의 강연을 들을 기회가 있었습니다. 만화가들과 함께 들었죠. 그런데 저를 포함한 그 자리에 모인 많은 청중의 관심사는 딱 하나였어요. '그래서 시간 여행은 가능한가요?' (웃음) 그런데 당시 강연자로 나선 과학자의 반응은 단호하더군요.

강양구 설사 진짜로 중성미자가 초광속 입자로 확인되더라도, 시간 여행은 불가능하다?

김창규 맞습니다. 실망했죠. (웃음) 그때 그 과학자가 이런 얘기도 했어요. "물리학을 공부하다 보니, 물리 이론이 나오는 SF는 못 보겠어요." 그 얘기를 들으면서 과학자와 SF 작가 혹은 SF 독자 사이의 거리감을 확실히 느꼈죠. SF 작가는 말도 안 되는 설정을 말이 되게끔 이야기를 만듭니다. 독자들은 그렇게 만들어진 이야기에 열광하죠.

반면에 과학자는 말도 안 되는 설정을 마주치면, '여기까지' 하고 선을 긋는 것 같아요. 시간 여행에 대한 그 과학자의 태도에서도 그런 걸 느꼈죠. 기왕에 얘기가 나왔으니 좀 더 할까요. 심지어 상당수 과학자는 SF를 놓고서 아까 얘기했던 편견에 사로잡힌 이들도 많습니다.

강양구 SF는 과학이어야 한다?

김창규 맞아요. 그러니까 SF에 등장하는 설정을 두고서 이것이 과학적으로 말이 되느냐, 안 되느냐를 따지는 정도는 일상다반사고요. 가끔 보면 과학자가 직접 SF 창작을 시도하고, 출판도 하잖아요. 그런데 안타까운 얘기지만, SF를 좀 많이 읽어 본 입장에서 보면 정말로 재미없는 게 대부분이에요.

이명현 과학자가 쓴 SF를 저도 눈여겨보는데요. 동의합니다. (웃음) 재미가 없어요. 결국 소설의 형식을 빌려서 자기가 알고 있는 과학 지식을 늘어놓는 수준에 불과하거든요. 그런 소설(?)을 읽을 때마다 안타깝습니다. 왜 굳이 소설이라는 형식을 빌릴까요? 그냥 쉽게 쓰면 되잖아요. (웃음)

사실 저만 해도 그래요. 중·고등학교 때부터 습작도 하고, 문학 동아리 활동도 했어요. 그래서 천문학자가 되고 나서는 SF를 써 볼 생각도 했었죠. 그런데 잘 안 되더라고요. 아까 김창규 작가가 지적했듯이 과학자로서 도저히 넘을 수 없는 선 같은 게 강박처럼 있어요. 오히려 제 전공 분야가 아닌 생물학 같은 곳에서는 상상의 나래가 펴지는데요. (웃음)

박상준 가끔 SF 창작 공모전의 심사 위원을 맡을 때가 있어요. 일단 당선작을 고른 다음에 나중에 탈락된 작품과 응모자 프로필을 살피다가 깜짝 놀랄 때가 있어요. 특정 분야에서 국내는 말할 것도 없고 세계적으로 권위 있는 과학자가 출품한 거예요. 그런데 그 작품의 수준이라는 게 참……. 스토리텔링을 평가해 보면 정말로 함량미달인 거죠. 이런 과학자는 SF 소설을 자기 전문 분야의 설명서를 쓰는 수단 정도로 이해하고 있는 게 아닌가 싶어요.

김창규 기왕에 과학자 얘기를 하는 자리니 하나만 더 해 보죠. (웃음) 과학자로서 특정 분야에 해박한 지식을 자랑하는 분이, 의외로 다른 분야에서는 믿을 수 없을 정도로 비합리적이고 단편적인 판단을 하는 경우를 많이 봅니다. (일동 웃음) 다들 웃으시니 무슨 말인 줄 바로 아시는 것 같은데요.

과학자와 SF 작가 사이의 공통점이 합리적이고 논리적인 사고라고 생각하는 저로서는 그런 일을 겪을 때마다 참으로 난감하죠. 과학자 중에서는 자기 분야가 아닌 다른 분야에서는 정말로 말도 안 되는 논리에 진지하게 귀를 기울이는 분들이 있거든요. 또 그런 분들이 자기의 억지 주장을 SF로 쓰겠다고 나서고. (웃음)

박상준 물론 과학적 지식이 탄탄한 과학자가 SF 창작을 시도하는 것 자체는 적극 환영할 만한 일입니다. 그런데 그런 SF 창작을 하려면 일단 글쓰기와 스토리텔링을 구성하는 데 있어서는 일반 문학을 창작하는 작가에 버금가는 수련 과정이 필요해요. 가끔 'SF 창작을 너무 만만하게 보는 것 아닌가.' 이런 생각을 할 때가 있어요.

미국의 SF 작가 시어도어 스터전이 이런 말을 한 적이 있어요. "SF의 90퍼센트는 쓰레기다." 그리고 바로 이런 말을 덧붙였죠. "모든 것의 90퍼센트는 쓰레기다." 그러니까 다른 장르 소설, 또 일반 문학 작품 중에서도 아주 수준이 낮은 것부터 완성도가 높은 것까지 스펙트럼이 있듯이 SF도 마찬가지입니다.

그런 면에서 저는 시간 때우기용 SF 활극도 잘 쓴 것이라면 그것만의 미덕이 있다고 생각합니다. 마이클 크라이튼 같은 경우도 그 나름의 장인이죠. 아티스트라고 하기에는 함량 미달이지만, 분명히 웰 메이드 라이터예요. 그런데 이런 미덕도 결국은 탄탄한 스토리텔링에서 나옵니다.

김창규 SF 독자들 사이에서는 크라이튼을 폄하하는 경향이 있습니다. (웃음)

박상준 그러니 과학자든 일반인이든 SF 창작을 시도할 경우에는 일단 글쓰기 능력을 향상시키고자 굉장한 노력을 기울여야 합니다.

김창규 SF 창작 수업을 하다 보면 이렇게 얘기하는 이들이 많아요. "SF는 아이디어 하나로 승부를 보는 거잖아요?" 단언컨대, 아닙니다. 아이디어 하나만 믿고 기승전결이 뭔지도 모르는 이들이 쓴 SF는 절대로 성공할 수 없어요. 심지어 SF 작가 중에도 'SF 작가'와 그냥 '작가'를 다르다고 여기는 이들이 있는데요. 아닙니다.

이명현 작가 중에 SF 작가가 있는 거죠. 기본적으로 작가가 되지 못하면, 절대로 SF 작가도 될 수 없죠.

강양구 저도 과학자가 쓴 SF는 일단 미뤄 두죠. 세상에 재미있는 SF가 얼마나 많은데 그런 습작에 시간을 낭비하겠어요. (웃음) 그래도 그나마 과학자가 쓴 인상적인 SF는 없나요?

이명현 일단 국내에는 없고요.

박상준 칼 세이건의 『콘택트』(이상원 옮김, 사이언스북스, 2001년)가 일단은 성공작이라고 봅니다. 1985년에 소설이 발표되자마자 국내에서도 번역이 되었어요. 뭔가 느낌은 기존의 SF와 달랐지만, 독특한 감동이 있었어요. 그 정도면 스토리텔링 자체도 상당히 완성도가 있었고요. 그리고 로버트 저메키스 감독의 영화(1997년)도 좋았고요.

강양구 저도 기회가 있을 때마다, 제일 좋아하는 SF 영화로 꼽곤 합니다. (웃음)

박상준 프레드 호일도 빼놓을 수 없죠. 빅뱅 이론에 맞서는 '정상 상태 우주론'의 대가였던 호일은 SF도 여러 편 썼습니다. 그런데 호일의 SF는 최고의 과학자가 쓴 소설이라서가 아니라 그 자체로 작품성도 긍정적인 평가를 받습니다.

한낙원, 한국 SF의 과거 혹은 미래

강양구 이제 화제를 좀 바꿔 볼까요? 최근에 SF 독자 또 문학 독자 사이에서 화제가 된 사건이 있었죠.

이명현 『한낙원 과학 소설 선집』(김이구 옮김, 현대문학, 2013년)이 나왔어요.

박상준 출판사 현대문학에서 '한국 문학의 재발견 작고 문인 선집'을 펴내는데 그 선집의 마지막 권으로 『한낙원 과학 소설 선집』을 펴냈어요. 이 선집에는 한국 현대 문학사에 자취를 남긴 문인들이 망라되어 있는데 유일하게 과학 소설 작가로 한낙원(1924~2007년) 작가가 들어갔죠. 또 그의 대표작 『금성 탐험대』(1957년)가 창비에서 나왔죠.

이 자리에 있는 세 분 중에서 한낙원 작가의 작품을 읽은 적이 있나요?

이명현 저는 한낙원 작가가 쓴 작품인 줄은 몰랐지만, 어렸을 때 『금성 탐험대』는 읽은 기억이 납니다.

박상준 저도 『금성 탐험대』, 『우주 도시』(1972년) 등을 읽긴 했어요. 하지만 제가 1990년대 이후에 SF 출판 기획 번역 일을 하면서 사실은 한낙원 작가를 그다지 주목을 안 했어요. 왜냐하면 한 작가는 일관되게 청소년, 어린이 대상의 작품만 집필을 했거든요. 저는 일단 성인용 SF에만 관심을 가졌으니까요.

그런데 나중에 한국 SF의 역사를 쭉 살피면서야, 한낙원 작가가 청소년 대상의 작품을 주로 쓰긴 했지만 한국 SF 문학사에서 거의 독보적으로 창작의 길을 쭉 걸어온 분이라는 걸 새삼 깨달았죠. 그래서 2007년에는 한 작가를 뵙고서 구술 녹취를 하려고 연락을 했는데 바로 직전에 작고하셨더군요.

강양구 한낙원 작가는 1950년대부터 집필 활동을 했지요. 더 얘기를 하기 전에 한국 SF의 역사를 잠깐 살펴보면 어떨까요?

박상준 한국어로 된 SF가 처음 나온 것은 1907년입니다. 쥘 베른의 『해저 2만 리』가 당시 도쿄에 있는 유학생이 내던 잡지인 《태극학보》에 「해저 여행 기담」이라는 제목으로 연재가 되다 말았어요. 그게 제가 확인한 가장 오래된 한글 SF입니다. 이즈음에 번역 또는 번안 SF 작품이 나왔어요.

이해조의 『철세계』(1908년)는 쥘 베른의 『인도 왕비의 유산』(김석희 옮김, 열림원, 2009년)을 번안한 거예요. 김교제의 『비행선』(1912년)은 최근까지 원작이 밝혀지지 않았었는데, 최근에 프레더릭 데이가 1907년 미국의 《뉴 닉 카터 위클리(*New Nick Carter Weekly*)》에 연재한 주인공 '닉 카터'의 SF 활극을 번안한 사실이 확인되었어요.

강양구 불과 5년의 시차를 두고 미국의 펄프 픽션이 한국에 번안되었네요.

박상준 아마도 일본이나 중국을 거쳐서 들어온 거겠죠. 그다음에 한국어로 창작된 최초의 과학 소설이 무엇인지를 놓고서 갑론을박 중인데요. 현재는 김동인이 1929년 12월 《신소설》에 발표한 단편 소설 「K 박사의 연구」를 최초의

SF로 보고 있어요. 저도 어렸을 때 『김동인 단편집』 같은 책에서 읽은 적이 있는 소설인데요.

K 박사가 인분으로 대체 식량을 만들어요. 사람들이 원료를 알고 기겁을 하자 실망해서 낙향합니다. 그러다 길거리에서 개가 똥을 먹는 것을 보고서 "에이 더럽다." 하는데, 나중에 집에 가니 보신탕이 나오죠. 아까 똥을 먹던 그 개로 만든 겁니다. 이 사실을 알고는 K 박사가 "더럽다." 이러면서 안 먹는 거죠. 인분으로 대체 식량을 개발했던 과학자가……. (웃음)

재미있죠? 대단한 과학 기술이 등장하는 것은 아니지만 형식으로는 SF가 맞습니다. (웃음) 그러고 나서는 1930~1940년대에 창작으로 간주되는 작품을 찾아보긴 어렵습니다. 그런 상황에서 한낙원 작가가 1950년대부터 1990년대까지 일관되게 한국 과학 소설을 창작한 거죠. 그러니 한국의 SF 역사에 남긴 한낙원 작가의 족적이 큽니다.

이명현 『금성 탐험대』도 설정이 아주 흥미롭잖아요.

박상준 이 소설은 1957년에 발표되었어요. 그런데 주인공 남자 이름이 '고진'이에요. 그리고 이 주인공이 소련 우주선을 탑니다. 예언적이죠? (웃음) 나중에 이소연 씨가 우주선에 최종 탑승하긴 했지만, 고산 씨가 러시아에 가서 우주선을 탈 준비를 했잖아요. 1957년에 어떻게 이런 설정을 할 수 있었는지 신기할 정도입니다.

그때는 한국 전쟁이 끝난 지 불과 몇 년밖에 안 된 엄혹한 냉전 시기였잖아요. 적성국에 대해서 조금만 호의적인 내용이 포함되면 곧바로 출판 금지 조치가 내려지거나 혹은 작가나 출판사 관계자가 끌려가던 시기였어요. 그런데 그때 한낙원 작가는 어린 독자를 대상으로 소련 우주선을 타고 우주로 나가고 또 미국과 소련이 협력하는 모습을 그린 거죠.

강양구 SF라서 가능한 일이었을까요?

박상준 그런 측면이 있어요. 사실 우리가 SF의 완성도를 평가할 때 주목해야 할 부분이 미래에 전개될 사회 모습의 다양한 시뮬레이션입니다. 그런 점에서 한낙원 작가의 작품은 탁월한 면이 있어요. 이미 냉전이 한창일 때 냉전의 종언을 예고한 거잖아요. 옛 소련은 없어졌습니다만, 미국과 러시아는 예전과 같은 적대 관계는 아니니까요.

비슷하게 언급할 수 있는 예가 아까도 나왔던 「스타트렉」입니다. 1966년에 이 드라마가 처음 방송되었을 때 미국 방송 역사상 최초로 백인 남성과 흑인 여성이 키스하는 장면이 나옵니다. 당시는 아직도 미국에서 인종 차별이 심하던 때였죠. 그런데 이 드라마를 받아들이는 시청자도 '미래에는 저럴 수도 있겠다.' 싶었던 거죠.

이건 SF의 또 다른 역할을 보여 주는 거죠. 이상형으로서 어떤 사회의 모습을 과감하게 보여 줌으로써 독자들에게 긍정적인 충격을 줄 수 있죠. 한낙원 작가의 『금성 탐험대』는 바로 그런 SF의 모습을 실제로 보여 준 한 예입니다. 그리고 그런 전통은 지금 SF를 창작하는 작가로 이어지고 있어요.

이명현 대표적으로 어떤 작가가 있을까요?

박상준 배명훈 작가가 얼른 떠오르네요. 그의 『타워』(오멜라스, 2009년)는 전 시민이 초고층 빌딩에 사는 도시 국가 '빈스토크'에서 벌어지는 여섯 편의 이야기로 구성되어 있어요. 당연히 『타워』는 한국 사회의 권력 관계를 풍자하는 소설이죠. 이처럼 요즘 SF 작가들은 당대 사회의 여러 문제를 SF의 형식을 빌려서 굉장히 세게 발언하고 있습니다.

SF가 바로 '미래 창조'다

강양구 그런데 한국에서는 왜 이렇게 SF가 인기가 없을까요? 일본만 하더라도 형편이 낫잖아요?

박상준 일본의 SF가 성장한 계기는 일본에 주둔하고 있던 미군 기지에서 흘러나오는 SF 헌책들이 유통되면서부터예요. 그런데 이런 환경 자체는 우리도 다르지 않죠. 실제로 국내에서도 1960~1970년대에 일부 평론가나 작가들이 "한국 SF가 황무지나 다름없다."라고 안타까워하는 글을 쓰곤 했죠.

그런데 일본은 그때 이후로 SF가 상당히 대중적인 인기를 누리고 있는데, 우리나라는 그때나 지금이나 사정이 나아지지 않았죠. 일례로 활동 중인 SF 작가 수가 20명도 안 될 테니까요. (웃음) 이유를 따져 보면, 아무래도 한국 현대사의 아픔을 거론하지 않을 수 없겠죠.

일제 강점기, 한국 전쟁, 군사 독재 등을 거치면서 한국에서는 억압적인 지배에 저항하는 문화 운동이 전개가 되었죠. 그 와중에서 이른바 '리얼리즘'을 지향하는 참여 문학이 대세를 이뤘고요. 그 과정에서 작가든 독자든 암묵적으로 이런 공감대가 있었던 듯해요. '현실이 이렇게 엄혹한데 SF가 가당키나 하냐.'

그러다 본격적으로 민주화가 진행된 1990년대부터는 활자 매체보다는 영상 매체가 대중을 압도하게 되었죠. 이제 미국에서 제작된 영화, 드라마, 애니메이션 등을 통해서 SF를 접하게 된 겁니다. 그러니까 한국은 책으로 SF를 읽는 단계를 건너뛴 거죠. 물론 마이클 크라이튼이나 베르나르 베르베르의 작품처럼 예외가 있습니다만…….

김창규 그들의 작품은 대중들이 SF로 인식을 하지 않죠. (웃음)

박상준 그런 상황이 지금까지 계속되는 것 같습니다. 사실 지금은 SF 작가도

1990년대 이전과 비교하면 늘었고, SF 출간 종수도 늘었어요. 하지만 시장 규모는 여전히 커지지 않고 있죠. 문외한이라서 조심스럽기는 합니다만, 재즈 음악도 그렇대요. 재즈 뮤지션은 계속 늘어나고 있는데, 정작 음반 판매는 늘지 않는다죠. (웃음)

이명현 그럼, 얘기를 정리하는 차원에서 한국 SF가 좀 더 대중의 사랑을 받으면서 발전하려면 어떤 방안이 있을까요?

강양구 답이 없는 질문 아닐까요? 그 답을 알면 지금 여기서 이런 얘기를 하고 있지 않겠죠. (웃음)

박상준 네, 그렇죠. (웃음) 일단 오늘 얘기를 나누면서 떠오른 아이디어입니다만, SF를 쓰고 싶은 과학자에게 도움이 될 만한 프로그램을 시작하면 좋겠어요.

이명현 아시아 태평양 이론 물리 센터에서 방학 때마다 이공계 대학생을 위한 글쓰기 학교를 계속하고 있습니다. 호응이 좋은데요. 앞으로 '과학자를 위한 글쓰기 학교' 혹은 '과학자를 위한 스토리텔링 학교' 등도 시작하면 좋겠어요. 그런 프로그램이 한국 SF의 질을 높이는 데 도움이 될 거예요.

박상준 얘기가 나온 김에 한 가지 꼭 언급하고 싶습니다. 아시아 태평양 이론 물리 센터에서 내는 웹진《크로스로드》는 지금 국내에서 유일하게 고료를 주면서 SF 발표 기회를 제공하고 있어요. 또 과학자와 SF 작가를 비롯한 문화 예술인의 교류 프로그램 등도 꾸준히 추진하고 있죠.

이런 아시아 태평양 이론 물리 센터의 노력이 한국 과학 문화 발전에 정말로 큰 기여를 하고 있다는 걸 새삼 강조하고 싶습니다. 그리고 이런 노력이 결국 과학자의 연구 활동에도 긍정적인 영향을 주리라고 확신해요. 그러니 앞으로도 이런 프로그램을 더욱더 많이 추진해 주길 바랍니다. (웃음)

강양구 사실 과학 창의 재단이 좀 더 열심히 노력해야 하는 것 아니에요. 대통령이 '미래 창조' '미래 창조' 하는데, 사실 미래를 창조하는 장르가 바로 SF인데……. (웃음)

이명현 정말로 미래 창조가 SF네. (웃음)

김창규 SF 작가가 할 일은 대중들의 시선을 잡아끌 재미있는 작품을 쓰는 일이죠. 그나마 고무적인 일은 기존 작가의 SF 장르에 대한 관심이 계속해서 커지고 있다는 거예요. 한 원로 동화 작가는 제자들에게 노골적으로 이런 얘기도 했대요. '앞으로 동화가 살아남는 길은 SF뿐이다.' (웃음)

강양구 요즘 어린이 창작 동화나 청소년 창작 동화를 보면 부쩍 SF 장르가 늘었죠.

김창규 네, 동화 작가들이 SF 창작 강의도 많이 들으러 옵니다.

강양구 한국 SF의 존재감이 낮은 이유 중 하나는 상업적으로 성공한 작가가 없는 탓도 있는 것 같아요. 미국도 애초 SF가 존재감을 가지게 된 데는 'SF 활극' 같은 펄프 픽션 때문이었죠. 그렇게 SF가 많아지면 그중에서 좋은 작품도 등장하고 또 SF에 관심을 가지게 된 독자들이 자연스럽게 그런 작품을 주목하게 되겠죠.

박상준 맞아요. 판타지의 이영도나 호러 스릴러의 이우혁 같은 스타 작가가 SF에는 없죠.

김창규 이건 자기 반성입니다만, 사실 SF 작가 사이에서도 '엄숙주의'가 있어요. 워낙에 좋은 SF를 많이 접한 데다, 또 그 숫자도 적다 보니 '좋은 SF'에 대한 강박이 있습니다. 이런 엄숙주의는 버려야 합니다. SF 작가들이 좀 더 대중의 눈높이에 맞춘 재미있는 소설을 써야죠.

박상준 지금 우리나라뿐만 아니라 미국과 유럽에서도 SF 장르의 정체성에 변화가 있습니다. SF, 판타지, 일반 문학 사이의 경계가 갈수록 모호해지고 있어요. 이런 장르를 '슬립 스트림(slip stream)'이라고 합니다. 슬립 스트림은 원래 고속으로 운동하는 물체의 뒤에서 기류가 흐트러지는 걸 말하는데, 장르의 뒤섞임을 이것에 비유한 거죠.

이런 SF 정체성의 변화는 불가피하죠. SF가 자리를 잡은 20세기 때와 과학기술 변화의 속도를 비교할 수조차 없어요. 지금은 아기 때부터 어른이 될 때까지 과학 기술이 삶 깊숙이 자리를 잡고 있죠. 이런 새로운 독자에게 즐겁게 읽힐 수 있는 SF는 20세기의 SF와는 다를 수밖에 없겠죠.

강양구 동감합니다. 왜냐하면 지금은 과학 기술 시대잖아요. 지금 사회 현상 중에서 과학 기술과 관계되지 않는 것을 찾기가 쉽지 않죠. 그러니 지금은 문학이 곧 SF가 되어야 하는 그런 상황이 왔는지도 모르겠어요. 예전에는 SF가 문학의 하위 장르였지만, 지금은 당대의 문제를 다루는 문학과 SF의 경계가 모호해졌으니까요.

박상준 맞아요. 옛날에는 SF였던 작품이 지금은 그냥 일반 문학이 된 것이 많아요. 50년 전에 휴대 전화가 중요한 모티프가 된 소설은 분명히 SF 취급을 받았죠. 휴대 전화 때문에 과거에는 상상할 수 없었던 인간 관계의 변화가 야기되니까요. 하지만 지금 휴대 전화가 소설 속에서 중요한 모티프가 된다고 해서 그걸 SF로 보는 사람은 없습니다.

앨빈 토플러가 40년 전에 이런 예언을 했어요. "과학 기술이 발달하면서 SF 자체의 정체성이 흔들릴 것이다." 바로 지금이 그 시기인 것 같습니다. 그러니 한국 SF는 새로운 정체성을 확립하면서도 또 대중의 사랑을 받도록 여러 시도를 해야 하는 이중의 어려움에 처해 있어요.

이명현 그런 어려운 시기야말로 과거에는 생각할 수 없었던 새로운 시도를 할 수 있으니까, 오히려 기회일 수도 있어요.

강양구 진짜 미래 창조 문학을 하는 거죠, SF가. (웃음) 여기서 마무리하죠. 고맙습니다.

과학자는 과학적일까요?

수다에서도 언급했듯이 과학자 중에는 SF 소설이나 영화를 놓고서 당대의 과학 지식을 잣대로 평가하려는 이들이 많습니다. 하지만 이런 주장 속에는 과학에 대한 아주 고약한 편견이 자리 잡고 있습니다. 지금의 과학을 마치 고정불변의 실체로 간주하는 것이죠. 하지만 현실은 어떻습니까? 과학은 과거에도 그랬고 지금 이 순간에도 끊임없이 변합니다.

예를 들어, 우리가 과학 지식이라고 떠받드는 것도 결국은 근대 과학 혁명 이후 수백 년간 축적해 온 지극히 제한적인 것에 불과합니다. 마치 당대의 가장 보편타당한 지식으로 받들어졌던 천동설이 지금은 우스꽝스럽게 보이는 것처럼, 지금의 과학 지식 중 어떤 것은 미래의 어느 시점에는 바보 같은 일로 간주될지 모릅니다.

그런데 이런 시한부 과학 지식의 틀에 SF와 같은 우리의 상상력을 집어넣는 게 가당키나 할까요? 당대의 시각으로는 얼토당토않았던 SF 속 과학기술이 채 100년도 안 되어 현실이 되는 상황, 또 SF가 그런 일이 가능하도록 자극하는 역할을 했다는 것을 염두에 두면 더욱더 그렇죠. SF의 상상력은 가능하면 극한까지 밀어붙이도록 하는 게 과학에도 좋습니다.

여기서 생각해 볼 거리가 하나 더 있습니다. 우리 시대에 '과학적인 것'은 다른 어떤 것보다도 우월한 권위를 가지고 있습니다. 하지만 도대체 그 과학적인 것의 실체는 뭘까요? 우리는 보통 과학을 당대의 과학 지식과 같은 것으로 간주합니다. 그래서 과학 지식이 풍부한 사람, 예를 들어 과학자를 '과학적인 사람' 혹은 '합리적인 사람'으로 여기곤 합니다.

그런데 노벨상을 받을 정도의 업적을 내놓은 과학자가 지독한 여성 차별주의자에다 인종 차별주의자로 살아가는 모습은 어떤가요? 또 보통 사람은 엄두도 내지 못할 수많은 과학 지식을 머리에 채워 놓고 있는 사람이 얼토당토않은 음모론에 몰입하는 우스꽝스러운 모습도 상상해 보세요. 과연 이들은 과학적일까요?

언젠가 '과학자'가 아닌 '소설가' 김연수는 "한국 문학에 가장 필요한 것이 과학적인 사고"라는 도발적인 주장을 펴면서 과학적인 것을 이렇게 정의했습니다. "가장 구체적인 것들을 상정하고 그것들이 합리적으로 서로 간섭하는 과정에서 새로운 보편적 인식을 끌어내는 과정." 다시 말하면 과학적인 것의 실체는 과학 지식이 아니라 그것이 만들어지는 바로 그 과정입니다.

그렇게 과학 지식이 만들어지는 과정의 핵심에 놓여 있는 것은 바로 당연한 것에 의문을 제기하는 비판적 사고와 치열한 탐구입니다. 그 당연한 것에는 물론 당대의 과학 지식도 포함되죠. 그러니 SF야말로 어쩌면 가장 과학적인 문학일지도 모르겠습니다. 여러분 생각은 어떻습니까?

기생충

기생충, 우리들의 오래된 동반자

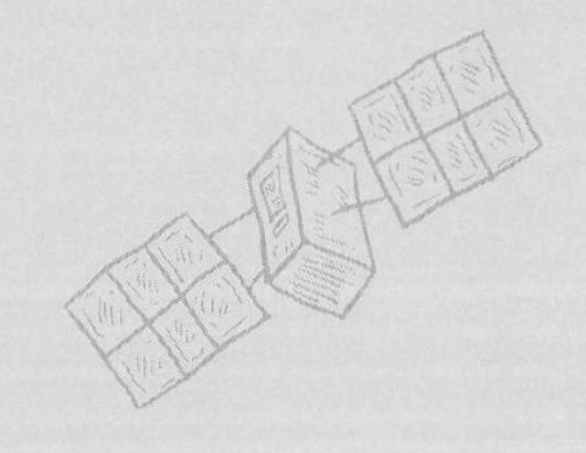

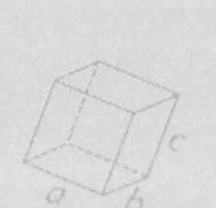
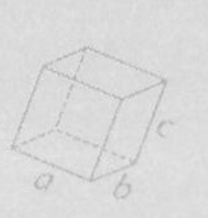

서민
단국 대학교
의과 대학 교수

정준호
과학 저술가 /
기생충학자

김상욱
경희 대학교
물리학과 교수

이명현
과학 저술가 /
천문학자

강양구
지식 큐레이터

1963년 9월 전라북도 전주. 아홉 살 소녀가 학교에서 돌아오자마자 실신했습니다. 급히 병원으로 옮겨진 소녀는 손을 쓸 시간도 없이 숨을 거두고 말았죠. 소녀의 배를 연 의사는 소녀의 장이 꿈틀거리는 회충으로 가득 차 있는 것에 경악했습니다. 소녀한테서 나온 회충은 총 1,063마리. 이른바 '회충 살인 사건'입니다.

이 사건이 준 충격 때문이었는지 1964년 6월 회충 박멸 등을 목표로 한국 기생충 박멸 협회가 창립되었습니다. 그리고 80퍼센트가 넘던 회충 감염률은 계속해서 떨어져 1990년대에는 0.1퍼센트 이하로 낮아졌죠. 지금 회충 감염률은 0.03퍼센트 이하로 거의 박멸 수준입니다. 세종, 영조와 같은 왕은 물론이고 한 시대를 풍미한 미녀 황진이도 피할 수 없었던 회충은 이렇게 사라졌죠.

그러나 회충을 비롯한 기생충은 여전히 공포의 대상입니다. 2005년 10월, 중국산 김치 또 국산 김치에서 회충 알이 발견되면서 한바탕 난리가 났었죠. 전국 식당에 붙은 "우리 식당은 국산 김치" 벽보는 그 난리 법석의 흔적이죠. 요즘도 때만 되면 전 가족이 구충제를 챙겨 먹는 이들도 드물지 않아요.

2012년에는 영화 「연가시」가 장안의 화제였습니다. 이 영화는 곤충이 최종 숙주인 기생충 연가시가 돌연변이를 일으켜 사람에게 감염되면서 벌어지는 끔찍한 상황을 그렸죠. 입소문을 타고 시쳇말로 '대박'을 터트렸습니다. 「연가시」 흥행은 기생충에 대한 대중의 공포가 얼마나 뿌리 깊은지를 보여 준 또 다른 사건이었습니다.

그런데 여기 "기생충을 사랑한다."라고 당당히 고백하는 두 남자가 있습니다. 말로만 그러는 것도 모자라서 시간차를 두고서 『기생충, 우리들의 오래된 동반자』(후마니타스, 2011년) 또 『기생충 열전』(을유문화사, 2013년)이라는 달달한 제목의 책까지 펴냈습니다. 그러고도 모자라 언론을 통해서 기생충 사랑을 열심히 설파하죠.

바로 기생충학자 서민 단국 대학교 교수와 정준호 영국 런던 대학 위생 열대 의학 대학원 기생충학 석사가 그 주인공입니다. 도대체 그들은 기생충의 무엇에 매혹되었을까요?

서민 교수는 독자의 눈길을 잡아채는 필력도 모자라서 이제는 방송으로 진출해 특유의 입담을 과시하고 있습니다. 정준호 씨는 아프리카 탄자니아에서 기생충 관리 사업을 담당하면서, 현장 연구를 병행해 왔었죠. 하지만 한반도와 아프리카의 먼 거리도, 바쁜 일정도, 기생충 사랑으로 이어진 이들의 인연을 막지 못했습니다.

책으로만 동지애를 공유해 온 이 둘이 2013년 10월 9일 처음으로 만났습니다. 잠깐의 어색한 시간을 뒤로하고 이들의 기생충 연가는 끝없이 이어졌죠. 철마다 구충제를 먹어야 할까? 김치 회충 알 파동의 진실은 무엇일까? 알레르기를 기생충으로 잡을 수 있다고? 더 센 기생충이 올 수도 있다고?

이 질문에 두 기생충학자가 답했습니다. 기생충을 한 번도 좋아해 본 적이 없었던, 또 구충제깨나 먹었던 우리는 그저 두 사람의 기생충 사랑에 놀란 입을 다물지 못했습니다. 그리고 대화가 끝날 때 즈음에는 살짝 기생충에 호기심이 생겼습니다. 이 특별한 남자들의 기생충 사랑 얘기, 여러분과 공유합니다.

기생충과 사랑에 빠지다

강양구 오늘은 기생충의 세계를 서민, 정준호 선생님과 함께 둘러 볼 예정입니다. 솔직히 말하면, 이 자리를 준비하면서 많이 망설였어요. 애초 '과학 수다'의 취지가 과학자와 독자를 잇는 다리 역할을 하자는 것인데, 두 분 선생님의 경우에는 그런 다리 자체가 필요치 않다는 생각이 들었거든요.

이명현 두 선생님의 책이 워낙에 쉽고 재밌으니까요. 정준호 선생님의 『기생충, 우리들의 오래된 동반자』를 읽으면서 전에 몰랐던 새로운 기생충 세계에 눈을 떴죠. 그리고 서민 선생님의 『기생충 열전』을 포복절도하면서 읽은 다음엔 왠지 기생충과 훨씬 친해진 느낌입니다. (웃음)

강양구 그래서 이 자리에서는 두 선생님께서 책에서 미처 하지 못한 얘기 또 특별히 강조하고 싶은 얘기를 자유롭게 나누면 충분할 듯합니다. 그나저나 서민 선생님은 대한민국에서 제일 유명한 기생충학자죠? 최근에는 방송 출연도 자주 하시는 바람에 대중과 만나는 접점이 더 넓어졌습니다.

서민 부끄럽습니다. 여기서 오해 하나 풀고 갈게요. 언론에 자주 노출되는 바람에, 가끔 지를 놓고서 국내의 유일한 기생충학 박사 이렇게 소개하는 곳이 있어요. 기생충 연구로 박사 학위를 받은 이들이 200명이 넘는데, 정말로 잘못된 정보죠. 여기 있는 정준호 선생님만 하더라도 저보다 훨씬 더 훌륭한 연구자고요.

정준호 무슨 말씀이세요. 저야말로 이제 겨우 석사 학위를 받은 처지에 기생충 연구자라고 자처하기 민망한 처지죠.

강양구 자, 여기가 겸손을 떠는 자리는 아니고요. (웃음) 좀 상투적이긴 하지만 두 분이 기생충학자로 입문하게 된 계기를 얘기하면서 대화를 시작하면 어떨까요?

이명현 다시 질문을 바꾸면, 어떤 계기로 기생충과 사랑에 빠졌나요?

정준호 저부터 얘기해 보죠. 대학 학부 때는 분자 생물학을 전공했어요. 그런데 동물 분류학 수업을 듣다가 처음으로 기생충을 접했어요. 호기심이 생겨서 도서관에서 기생충 관련 책을 좀 더 훑어보다가, 기생충 화보집(『열대 의학과 기생충학 지도(*Atlas of Tropical Medicine and Parasitology*)』)을 한 권 발견했죠. 여

기 가지고도 왔는데, 온갖 기묘한 기생충 사진을 보면서 사랑에 빠졌죠. (웃음)

강양구 이런 사진에 매혹되는 일이 흔한 일은 아닌데…….

정준호 정말입니다. 그리고 진짜 별 생각 없이 기생충학을 선택했어요. 그때 마침 대학을 영국에서 다니고 있었던 것도 운이 좋았죠. 한국도 그렇지만 기생충학은 대부분 의과 대학에 포함되어 있어서, 저처럼 생물학과 출신이 진입하기가 쉽지가 않거든요. 그런데 제가 다니던 학교(런던 대학교)의 경우에는 기생충학을 연구하는 별도의 과정이 있었습니다.

서민 아마 정준호 선생님과 제가 한 세대 정도 차이가 나죠? 저는 1985년에 대학에 입학했어요. 이미 그때는 한국의 기생충 감염률이 10퍼센트 이하로 떨어질 때였습니다. 그러니까 이미 한국의 기생충은 멸종 단계에 들어선 상황이었죠. 그런데 그런 상황에서도 기생충을 연구하는 선생님들, 선배님들을 보면서 궁금했어요. 도대체 저분들은 기생충을 가지고 무슨 연구를 할까, 이런 의문이죠.

솔직히 말하면, 의과 대학을 다니면서 임상에 대한 두려움도 있었습니다. 특히 외과 치료가 필요한 환자를 치료하는 게 무섭더군요. 사람의 생사를 좌우하는 일에 평생을 바칠 생각을 하니 부담스럽기도 했고요. 그런 참에 기생충학을 공부하면 그런 부담으로부터 해방될 수 있겠다는 생각도 들었죠. (웃음)

마침 기생충학을 공부하는 선생님께서 이렇게 권했어요. "의대 출신 중에 기생충학을 공부하겠다는 사람이 없으니 너라도 해라. 네가 생각하는 것처럼 변(便) 검사 하는 그런 곳이 아니다." 이렇게요. 사실 그때는 그 말을 믿지 않았었는데, 실제로 기생충학을 공부해 보니 정말로 변 검사만 하는 곳은 아니더군요.

아무튼 지금 생각해도 스스로 으쓱하죠. 그 어린 나이에 어떻게 이런 멋진 선택을 할 수 있었는지……. (웃음)

엄마 뱃속 아기는 왜 기생충이 아닐까?

김상욱 이제 본격적으로 기생충 얘기를 해 볼까요. 도대체 기생충이 뭔가요?

서민 "이 기생충 같은 놈아!" 이렇게 욕하잖아요. 주로 20대 후반 이상이 집에서 놀 때, 그러니까 백수를 향한 욕인데요. 잘못됐죠. 한 생물이 다른 종의 생물과 밀접한 관계를 맺고 살아갈 때, 한쪽만 일방적으로 이득을 취하는 경우 이득을 보는 생물을 기생충(parasite), 손해를 보는 생물을 숙주(host)라고 하거든요.

기생충이 숙주에게 빌붙어 있는 기간은 중요하지 않습니다. 아주 잠깐 빌붙어 살더라도 기생충은 기생충인 거죠. 그런데 백수는 부모든, 형제든, 애인이든 같은 종인 사람한테 의존해서 살아가잖아요. 그러니 기생충의 정의에 부합하지 않죠. 앞으로 백수를 놓고서 "기생충 같은 놈아!" 같은 욕은 안 했으면 좋겠어요. (웃음)

강양구 책에서는 그런 맥락에서 "태아도 기생충은 아니다."라고 얘기했죠?

서민 맞습니다. 사실 태아는 기생충의 특징을 고스란히 지녔죠. 일정 시기, 열 달에 가까운 기간 동안 엄마가 영양을 충분히 공급받든 말든 태아는 자기 먹을 것은 우선적으로 챙겨 가니, 숙주인 엄마에게 피해를 입히죠. 하지만 태아도 엄연히 인간, 즉 호모 사피엔스 사피엔스(*Homo sapiens sapiens*)니 서로 다른 종의 생물과 관계를 맺어야 한다는 기생충의 정의에는 맞지 않죠.

이명현 서민 선생님은 기생충을 최소한 핵막이 있는, 진핵생물(eukaryote)로 한정시켜 놓았어요. 기생충과 행동 양식이 같더라도, 세균(박테리아)이나 바이러스 같은 미생물은 기생충이 될 수 없다는 거죠. 그런데 정준호 선생님은 기생충을 좀 더 넓게 정의한 것 같더군요.

정준호 기생충은 정의하는 학자마다 조금씩 다른 것 같아요. 일반적으로 기생충을 다세포 생물 이상으로 정의합니다. 그런데 때로는 바이러스나 세균까지 기생충으로 간주하기도 합니다. 심지어 일부 학자는 뻐꾸기조차도 기생 생물로 봅니다. 알을 까 놓고 다른 새들이 길러 줘야 성장을 할 수 있으니까요. 뻐꾸기를 영어로 'brood parasite'로 부르는 것도 이 때문이죠. 그러니 기생충의 정의는 굉장히 넓어질 수도 좁아질 수도 있을 것 같아요.

김상욱 만약 지구가 생명체라면 지구 입장에서는 인간을 기생충으로 볼 수도 있나요?

서민 칼 짐머가 『기생충 제국』(이석인 옮김, 궁리, 2004년)에서 그런 얘기를 했었죠. 하지만 저는 지구가 생명체라는 전제에 동의하지 않아서요.

정준호 인간이 지구에 해만 주는 건 아니죠. 죽어서 거름이 되니까요. 요즘은 방부 처리를 하니 그것도 아닌가요? (웃음) 한 가지 덧붙이자면, 윌리엄 맥닐이 『전염병의 세계사』(김우영 옮김, 이산, 2005년)에서 '거시 기생'과 '미시 기생'의 구분을 제안하기는 했어요. 기생 관계를 집단 수준 또 개체 수준에서 따로 접근해 보자는 시각인데요. 기생충의 정의와 관련해서 음미할 만합니다.

알레르기, 기생충으로 치료한다

강양구 이제 하나씩 흥미로운 대목을 짚어 보죠. 이 자리에도 알레르기로 고생하는 사람이 둘이나 있는데요. 요즘 아토피 피부염, 알레르기 비염, 천식 등 알레르기로 고생하는 이들이 한둘이 아닙니다. 그런데 두 분의 책에서 모두 기생충과 알레르기의 관계를 놓고서 눈이 번쩍 뜨일 만한 지적을 해 주셨어요. 기생충이 알레르기 치료에 도움이 된다는…….

사실 '위생 가설'은 의학자 사이에서는 널리 알려져 있는 것 같은데, 정작 일반인은 잘 모르죠.

서민 위생 가설은 1989년 영국의 데이비드 스트라칸이 형제 수가 많을수록 알레르기 질환 발병률이 낮다고 주장하면서 처음 등장했죠. 알레르기는 병원균에 덜 노출되어 생기는데, 형제자매가 많다 보면 그중 한두 명은 밖에서 병원균을 묻힌 채 집에 오기 마련이고, 그러다 보면 가족 전체가 병원균에 반복적으로 노출됨으로써 알레르기가 생기지 않는다는 거예요.

반면에 형제가 없으면 병원균에 노출될 기회가 적어져 알레르기 질환에 걸리기 쉽다는 겁니다. 처음에는 이런 주장에 반신반의하던 사람들이 추가적인 연구를 통해서 그의 가설에 일리가 있음을 확인했어요. 독일이 통일되었을 때, 더러운 동독과 깨끗한 서독의 알레르기 질환 빈도를 조사했더니 예상과 달리 서독이 훨씬 높았어요.

알레르기 질환이 환경 오염 때문에 생기는 게 아니라는 위생 가설을 뒷받침하는 예였죠. 더러울수록 알레르기 질환에 덜 걸린다. 이런 위생 가설에 자극받은 기생충학자들이 기생충과 알레르기의 관계를 연구하기 시작한 거죠. 실제로 기생충이 박멸된 나라에서는 알레르기 질환이 많은 반면 베네수엘라나 에콰도르처럼 기생충이 많은 나라에서는 알레르기가 드뭅니다.

강양구 저는 A형 간염과 알레르기 질환의 관계에 대한 연구 결과는 접한 적이 있어요. A형 간염은 분변에 묻은 바이러스가 다시 입으로 들어오면서 전파가 되거든요. 그러니 위생이 불량하고, 흙에서 뒹굴 일이 많았던 시절에 많이 걸렸었죠. 그런데 A형 간염 항체가 있는 경우에 즉 A형 간염에 면역력이 있는 경우 알레르기 질환이 낮다는 거예요.

그런데 알레르기와 기생충의 관계는 두 선생님의 책을 보면서 처음 접했습니다. 실제로 연구 성과도 있는 것 같던데요.

서민 기생충학자 입장에서는 위생 가설을 이렇게 해석합니다. 인류는 오랜 세월 동안 몸 안에 기생충을 품고 살았어요. 우리 몸을 지키는 파수꾼인 면역계는 이 기생충을 공격하기도 하고, 감시하기도 하면서 진화해 왔죠. 그러던 어느 날 갑자기 기생충이 없어진 거예요. 면역계로서는 할 일이 없어진 거죠.

이렇게 할 일이 없어진 면역계가 과민해져서 비슷한 것만 봐도, 나중에는 비슷하지도 않은 것들에 대해서도 반응을 하게 된 거죠. 그런 반응이 기관지에서 일어나면 천식, 피부에서 일어나면 아토피 피부염, 코 점막에서 일어나면 알레르기 비염으로 나타나는 거죠. 그럼, 이런 알레르기 질환을 치료하거나 완화하려면 어떻게 해야 할까요?

김상욱 알레르기를 없애려고 기생충을 몸속에 넣는 건 좀…….

서민 실제로 그런 사람이 있어요. 도쿄 대학교의 교수인 후지타 고이치로는 자신의 장 속에서 촌충을 3년이나 길렀다고 합니다. 알레르기 질환도 완화하고 살도 뺄 수 있는 방법이긴 하지만 이걸 일반인에게 강요할 순 없죠. (웃음) 그래서 기생충을 먹는 대신 기생충의 추출물을 주사해 알레르기를 억제하는 방법을 궁리 중입니다.

강양구 책을 보니, 자가 면역 질환 중에서 크론씨 병 치료에 기생충을 이미 이용한다면서요?

서민 자가 면역 질환은 면역계가 완전히 미쳐서 이젠 우리 몸의 특정 부분을 공격하는 질환입니다. 이 중에 장(腸)에 해를 끼치는 크론씨 병이 있는데요, 이 경우에는 몸속에서 두세 달 정도 살다가 금방 빠져나가는 돼지편충을 감염시켜 증상의 호전을 본 사례가 여럿 있어요. 실제로 환자에게 돼지편충 알을 먹이는 요법은 널리 시행되고 있습니다.

김상욱 돼지편충 알을 어떻게 먹나요?

서민 그냥 마시는 거죠. (웃음) 일단 들어온 알은 몸속에서 잘 부화합니다. 또 돼지편충의 부작용은 사실상 없고요. 유일한 걱정은 돼지편충을 통해서 미지의 돼지 바이러스 등이 인간에게 전파되는 것인데, 그럴 가능성은 아주 낮죠. 우리나라에서도 한 열댓 명이 돼지편충 알로 치료를 받았다고 합니다.

그런데 돼지편충 알을 만드는 게 쉽지 않아서 상당히 고가예요. 이렇게 연구를 계속하다 보면, 앞으로 알레르기 질환 치료에 기생충이 역할을 할 수 있는 날이 오리라고 기대합니다.

정준호 『기생충, 우리들의 오래된 동반자』에서 위생 가설을 소개하긴 했지만, 저는 아직 지켜보는 입장입니다. 위생 가설이 이론적으로 굉장히 그럴듯하긴 합니다만, 일단 역학 조사를 기반으로 만들어진 것이잖아요. 그런데 이런 역학 조사를 반박하는 사례도 눈에 띄거든요. 당장 아프리카에서 의외로 알레르기 질환 환자가 많아요.

서민 아프리카에 알레르기 질환 환자가 많다고요?

강양구 아까 A형 간염 항체를 가진 이들이 알레르기 질환에 덜 걸린다는 연구를 언급했잖아요? 그게 이탈리아 연구인데요. 그 연구 이후에 정작 A형 간염 항체를 가진 이들이 많은 아프리카에서는 천식과 같은 알레르기 질환이 줄기는커녕 오히려 늘고 있다는 반박 연구 결과가 나오기도 했었죠.

정준호 네, 천식이 많아요. 아프리카에서 천식에 걸리는 이유가 집에서 나무를 때서 그래요. 환기가 전혀 안 되는 집에서 매일 나무를 때니까 폐나 기관지가 안 좋아질 수밖에 없어요. 더구나 아프리카 같은 곳은 알레르기 검사 비용이 비싸서, 환자 자체가 축소되어서 보고가 되었을 수도 있고요. 그런 점에서 위생 가설은 좀 더 검증을 해야 하지 않나, 이렇게 생각합니다.

단, 저도 기생충과 알레르기 질환의 관계를 규명하는 연구가 인류에게 이바지할 수 있는 매력적인 연구라는 걸 부정하진 않습니다. 생각해 보면, 기생충을 이용해서 알레르기 질환을 치료한다는 발상은 인간의 몸을 둘러싼 생태계의 균형을 회복하는 것과 다르지 않거든요. 오랫동안 기생충과 인간은 동반자였는데, 최근에 일시적으로 그 균형이 깨진 거니까요.

기생충 구충제, 먹어야 할까?

서민 이어서 얘기하자면, 우리나라는 항생제 남용도 심각하지만 기생충 구충제 남용도 정말로 심각합니다. 지금 우리나라 도시 사람은 구충제를 먹을 이유가 전혀 없거든요. 왜냐하면 사실상 기생충에 감염될 가능성이 거의 없으니까요. 그러니 기생충 구충제는 정말로 심리적 위안 역할만 하는 거죠.

김상욱 우리나라 사람은 회를 좋아하니 먹어야 한다고 하잖아요.

서민 민물고기, 게 등을 먹어서 걸리는 기생충은 간디스토마나 폐디스토마예요. 그런데 디스토마는 회충을 잡는 종합 구충제(알벤다졸)로는 못 잡아요. 디스토마 약(디스토시드)을 따로 먹어야 합니다. 그러니까 회 좋아한다며 흔히 먹는 '회충약'을 먹고서 안심하는 건 정말로 난센스죠. 결론은 기생충 감염 증상이 없으면 구충제는 먹을 필요가 없어요.

정준호 오징어나 바다 생선의 회를 먹고 걸리는 고래회충은 알벤다졸, 디스토시드 다 안 들어요. 그건 내시경으로 보면서 직접 뽑아낼 수밖에 없습니다.

김상욱 굉장히 중요한 정보네요. (웃음)

강양구 돼지고기는 어떤가요? 돼지고기는 바짝 익혀 먹어야 한다고 유난을 떠는 이들이 있습니다만.

서민 그게 다 갈고리촌충 때문인데요. 정확히 말하면 갈고리촌충의 유충인 유구낭미충 때문이죠. 갈고리촌충은 위험하지 않은데 유구낭미충은 피부, 근육은 물론이고 눈이나 뇌로도 침범할 수 있거든요. 얼마나 악명이 높으면 유충인데도 '갈고리촌충 유충'이라고 하지 않고 '유구낭미충'이라고 따로 이름을 붙였겠어요.

그런데 결론부터 말하자면, 우리나라 돼지에서 유구낭미충을 보는 건 불가능해요. 우리나라 돼지는 더 이상 사람의 변을 먹지 않아서 갈고리촌충 알이나 그 유충에 감염될 가능성이 없을뿐더러, 우리나라가 워낙 검역을 철저히 하는 터라 그런 돼지는 검역 과정에서 걸러지거든요. 유구낭미충에 감염된 돼지가 국내에서 발견된 건 1990년이 마지막이었어요.

그러니 삼겹살을 먹을 때 탈 때까지 바짝 익혀 먹을 이유가 없는 거죠. 당장 저부터 여럿이 삼겹살을 먹을 때, 대충 익혀서 먹습니다. (웃음) 그럼, 쇠고기 육회는 어떨까요? 소에 사는 민촌충의 유충은 갈고리촌충 유충과는 달리 사람에게 증상을 일으킨 예가 없어요. 그러니 쇠고기 육회를 먹을 때는 몸을 사릴 이유가 없습니다.

강양구 선생님과 가족도 구충제는 전혀 안 드시겠군요.

서민 당연하죠. 저는 오히려 기생충이 몸속으로 들어와 줬으면 하는데, 전국 회충 감염률이 80퍼센트 가까이 가던 때에도 기생충에 감염된 적이 한 번도 없었어요. (웃음)

정준호 저 역시 마찬가지인데요. 기왕에 기생충 약 얘기가 나왔으니 한마디 덧붙일게요. 정말 앞에서 언급한 알벤다졸, 디스토시드 두 알이면 그 많은 기생충을 거의 다 없앨 수 있거든요. 정말로 굉장한 효과죠. 더 놀라운 것은 여전히 매년 엄청난 양이 쓰이는 것 같은데, 부작용도 없고 심지어 기생충의 내성도 없다는 겁니다.

서민 그런 점에서 기생충은 정말로 착한 애들이에요. 내성이 생길 법도 한데……. 기생충은 몸도 크고 수명이 길어서 세균이나 바이러스처럼 변이가 일어나기 쉽지 않아서 그럴 거예요.

정준호 정말로 다행스러운 일이죠. 그런데 한편으로는 걱정도 됩니다. 사실 지금 존재하는 기생충 약의 효과가 너무 좋기 때문에 다른 기생충 약을 개발하지 않아요. 그러니까 만에 하나 지금 존재하는 기생충 약이 먹히지 않을 경우에는 대안이 없는 거예요. 만약에 기존의 기생충 약이 들지 않는 센 놈이 등장하면 어떻게 할 거예요?

강양구 영화 「연가시」 같은 일이 일어나겠죠. (웃음) 그런데 정준호 선생님은 (2013년 10월 현재) 아프리카 탄자니아에서 기생충을 관리하는 사업을 진행 중이잖아요.

정준호 가슴이 아파요. 아까 서민 선생님도 기생충에 안 걸린다고 푸념을 하셨는데, 저 역시 마찬가지예요. '나라도 걸려야지.' 하면서 빅토리아 호수에서 잡은 회도 막 먹고 그러는데 걸리지 않아요. 모기에 물려도 말라리아도 안 걸리고요. 기생충에 한해서는 저주받은 몸인 것 같아요. (웃음)

한국 같은 경우에는 기생충의 위험이 많이 과장되어 있지만, 탄자니아를 비롯한 아프리카에서는 기생충 때문에 죽는 사람이 많아요. 기본적으로 영양 상태가 안 좋기 때문에 발육 상태가 안 좋아진다든지 다른 합병증으로 고생하는 사람이 많죠. 그런 곳에서 기생충의 위험은 아무리 강조해도 지나치지 않습니다.

서민 그런데 한국은 기생충으로 죽기는커녕 걸리는 사람도 없거든요. 도대체 기생충에 대한 증오가 어디서 비롯된 것인지 정말로 궁금합니다. 우리 몸속에는 세균이 많아요. 그런 세균을 가지고 뭐라고 하는 사람은 없습니다. 세균과 기생충의 차이는 진화의 정도 차이뿐이거든요. 대부분의 기생충은 생각만큼 해롭지도 않고요.

기생충 김치 파동의 진실

강양구 기생충에 대한 대중의 거부감이 크다 보니 해프닝도 있었죠. 2005년 10월에 중국산 김치와 국산 김치에서 회충 알이 나와서 난리가 난 적이 있었죠.

사실 그 일을 놓고는 뒷얘기가 있어요. 아무개 의원실에서 그 보도 자료를 준비 중에 제가 먼저 그 사실을 보도할 기회가 있었거든요. 처음 얘기를 들었을 때 기자 감각에 꽤 큰 건이라고 욕심이 났었죠. 실제로 난리가 났었고요. 그런데 정작 저는 손이 모자라서 특종을 양보(?)했는데요. 나중에 서민 선생님의 글을 읽고서, 특종을 놓치길 잘했다 생각했었습니다.

서민 저를 포함한 기생충학자들이 제대로 대응을 못한 일이었죠. 한국 기생충 학회 차원에서 "별 일 아니다." 하고 쐐기를 박았어야 했는데, 그러지 못했거든요. 그때 김치에서 발견한 회충 알은 DNA 검사 결과 돼지회충 알이었어요. 배추를 키울 때 돼지 똥을 비료로 주기도 하는데 그 과정에서 묻은 거죠. 돼지회충 알이 회충 알과 똑같이 생겼거든요.

돼지회충 알은 사람 몸에서 부화할 가능성이 아주 낮죠. 그리고 설사 사람 회충 알이라고 하더라도 그 회충 알이 사람 몸에서 부화할 가능성도 낮아요. 1970년대까지 김치가 회충의 중요한 감염 경로이긴 했지만, 막 김장을 한 상태에서 그런 것일 뿐이지 회충 알이 김치 양념 속에서 오랫동안 살아 있을 수가 없거든요.

더구나 일의 순서도 거꾸로 됐죠. 회충 감염률이 갑자기 높아져서 원인을 조사하다 김치를 주목한 게 아니라 별다른 이유도 없이 김치를 뒤지다 보니 회충 알 몇 개가 발견된 것이니까요. 2004년 우리나라의 회충 감염률은 0.03퍼센트로 거의 박멸 수준이었는데, 회충 알 몇 개로 그렇게 호들갑을 떨 일이 아니었죠.

강양구 한편에서는 유기농, 친환경에 열광하면서 기생충에 저토록 알레르기 반응을 보이는 것도 앞뒤가 안 맞는 일이죠.

서민 그렇죠. 저는 유기농 먹을거리 열풍에 약간 부정적이에요. 유기농 먹을거리가 건강에 좋으면 얼마나 좋겠느냐, 이런 생각을 가지고 있어요. 하지만 그렇게 유기 농업이 활성화되어서 기생충이 나오는 상황은 좋겠다 싶어요. (웃음) 소똥, 돼지똥, 닭똥 등으로 퇴비 등을 만들어 이용하고 화학 농약을 쓰지 않은 유기농 먹을거리에 기생충이나 세균이 묻어 있을 가능성이 클 테니까요.

그러니 한편으로는 유기농 먹을거리에 열광하면서도, 그것에 기생충이나 세균이 더 많이 묻어 있을 가능성을 부정하는 건 앞뒤가 안 맞죠. 친환경, 유기농은 일반의 통념과는 달리 깨끗한 게 아니라 더러운 겁니다. 그리고 그게 사실은 자연스러운 거고요. 김치의 회충 알 해프닝은 이런 현실이 반영된 거였죠.

정준호 방금 기생충에 대한 알레르기 반응이라고 언급했는데, 실제로 '기생충 망상증'이라는 정신 질환이 있어요. 가끔 피부 사진을 첨부한 메일을 받아요. 기생충인지 확인해 달라고요.

서민 심각한 분들이 많아요. 어떤 사람은 연구실로 와서 다리에 기생충이 다닌다고 보여 줍니다. 아무것도 없어요. (웃음) 귀 사진을 동영상으로 찍어서 12분쯤 기생충이 지나간다며 봐 줄 걸 호소하는 이도 있어요. 역시 아무것도 없죠. 심지어 순대에 붙은 힘줄, 대변의 이물질 등을 기생충이라고 우기기도 하고요.

우스갯소리입니다만, 우리나라에서 기생충이 치명적인 위험이 되는 경우는 기생충이 있다는 망상 때문에 병원을 가다가 교통 사고를 당하는 경우가 거의 유일해요. (웃음)

그런데 옛날 사람들, 조선 시대에는 회충을 비롯한 기생충 몇 마리 몸속에 가지고 있으면서도 다 자기 할 일 제대로 하면서 살았거든요. 책에도 썼지만 황진이 몸속에도 회충 몇 마리 정도는 필수였죠. 정말 인류 전체의 역사를 보면, 인류의 일부가 기생충과 동거하지 않은 시기는 고작 지난 40년 정도에 불과합니다.

강양구 얼마 전에 한의사인 이상곤 서초 갑산 한의원 원장의 칼럼을 보니 영조도 몸속 회충을 다스리는 데 평생 신경을 썼다더군요. 그런데 혹시 인류 진화의 역사 최초로 기생충 없이 산 지난 40년이 혹시 큰 재앙의 부메랑이 되지는 않을까요? 너무나 급격한 변화가 부작용을 낳을 법도 합니다만.

서민 알레르기 질환이나 자가 면역 질환이 그 예 아닐까요?

정준호 최근에 양서류가 급감하는 이유가 항아리곰팡이 때문인데요. 이 항아리곰팡이 때문에 많은 양서류가 멸종 위기에 놓여 있는데, 그렇게 항아리곰팡이가 퍼지는 이유가 환경 오염으로 기생충이 사라졌기 때문입니다. 기생충이 사라지면서 양서류의 항아리곰팡이에 대한 저항성이 떨어진 거예요.

그런 점에서 지금 전 세계 곳곳에서 진행 중인 기생충을 박멸하고 또 박멸하려는 시도가 어떤 결과를 낳을지 정말 걱정입니다. 생태계의 다양성 또 저항성을 유지하는 데 기생충이 해 왔던 긍정적인 역할을 부정하고 기생충을 너무나 억지로 없애려 하다가는 생각지도 못한 재앙을 낳을 수도 있어요.

서민 국민 1인당 회충을 수십 마리씩 갖고 있던 시절에야 아무 문제가 없었지만, 요즘처럼 잘해야 한두 마리 있을까 말까 한 상태에서는 회충의 암수가 같은 사람의 몸속에 존재하는 일이 극히 드뭅니다. 아무리 하루 20만 개의 알을 낳을 수 있으면 뭐해요? 하늘을 봐야 별을 따지. 얼마나 슬픈 일이에요? 지금 진짜 문제는 '독거 회충'입니다. (웃음)

김상욱 이런 상황에서는 기생충학자가 기생충을 접하기도 쉽지 않죠? 기생충은 배양하기도 어렵죠?

정준호 기본적으로 몸속에서만 생존하기 때문에 배양이 어려워요. 체내랑 똑같은 환경을 만들고 유지하는 게 어려우니까요.

서민 그래서 기생충학자 사이에서는 기생충이 최고의 선물이죠. 얼마 전에도 다른 기생충학자에게 광절열두조충 3.5미터를 온전하게 뽑아서 표본을 선물로 드렸죠. 환자에게 기생충 약을 먹이고 설사약을 드리고 나서, 바가지에 대변을 받아 오길 권했거든요. 광절열두조충이 안 끊어지고 예쁘게 나왔어요. (웃음) 선물로 받은 과학자도 정말로 좋아하시더군요.

사람을 조종하는 기생충?

강양구 어렸을 때 에드거 앨런 포의 『검은 고양이』를 인상 깊게 읽은 탓인지 고양이를 안 좋아합니다. (웃음) 그래서인지 고양이를 마지막 최종 숙주로 하는 톡소포자충 얘기가 흥미롭더군요. 특히 톡소포자충이 사람을 조종할 가능성을 언급한 대목이요. 톡소포자충 얘기를 해 보죠.

정준호 일단 톡소포자충을 흔히 '고양이 기생충'이라고 부르는데, 이것부터 바로잡아야죠. 톡소포자충의 최종 숙주가 고양이인 것은 사실이지만, 한국은 길고양이를 잡아서 검사를 해 봐도 감염률이 10퍼센트대에 불과합니다. 그러니 집고양이가 톡소포자충에 걸렸을 가능성은 거의 없죠.

고양이가 톡소포자충에 걸렸더라도, 1~2주 정도 후에는 면역력이 생겨서 더 이상 감염력이 있는 알이나 유충이 들어 있는 주머니를 내보내지 않아요. 그러니 키우는 고양이 때문에 톡소포자충에 감염될 가능성은 정말로 낮아요. 오히려 톡소포자충의 감염원은 유충이 들어 있는 주머니가 포함된 날고기나 채소입니다. 그러니 톡소포자충을 '고양이 기생충'이라고 부르는 건 오해죠.

서민 더구나 대부분의 사람은 톡소포자충에 감염이 되어도 감기 몸살 정도를 앓다가 넘어가요. 우리나라 전 국민의 5퍼센트 정도가 톡소포자충에 감염이 되었지만 대부분 별 일 없이 넘어갑니다. 다만, 에이즈(AIDS, 후천성 면역 결핍증) 환자나 스테로이드제 복용 환자처럼 면역력이 떨어진 경우에는 톡소포자충이 뇌염이나 폐렴을 일으킬 수 있으니 조심해야죠.

그런데 이 톡소포자충에 기생충학자들이 관심을 쏟는 이유는 이것에 걸린 쥐의 이상 행동 때문이에요. 톡소포자충에 걸린 쥐는 고양이를 무서워하지 않게 됩니다. 정확히 말하면, 고양이 소변 등에 대해서 공포감을 갖지 않게 되죠. 기생충학자는 이것이 쥐의 뇌에 사는 톡소포자충이 최종 숙주인 고양이한테 가기 위해서 쥐를 조종하는 것으로 생각합니다.

강양구 쥐만 조종이 가능한가요?

정준호 그게 기생충학자의 관심거리입니다. 톡소포자충에 걸린 인간이 정신분열증 발병 확률이 높다는 주장, 또 성적으로 더 문란하다는 가설, RhD- 혈액형을 가진 사람의 교통 사고 발생률을 증가시킨다는 연구 등이 있거든요. 이 대목은 앞으로 더 연구가 필요한 부분이죠.

그런데 저는 약간 고개를 갸우뚱합니다.

왜냐하면 톡소포자충은 단세포 기생충이라서 굳이 고양이 같은 최종 숙주로 가지 않더라도 (단성) 생식이 가능하거든요. 그러니까 톡소포자충이 쥐를 조종해서 굳이 고양이에게 먹히게 할 유전적인 이득이 없다는 거예요. 그래서 톡소포자충이 쥐의 행동을 조종한다는 연구는 좀 더 검증을 해 볼 필요성이 있을 것 같아요.

서민 아무튼 톡소포자충이 고양이를 탄압할 근거가 되지 못한다는 건 강조하고 싶군요. 정말로 우리나라 매스컴 제목 선정적으로 뽑는 건 알아줘야 해요. '살인 진드기'도 사실은 없죠. 단지 진드기를 매개로 하는 바이러스가 있을 뿐이죠. 참고로, 저는 (강 기자와 달리 고양이를 좋아합니다만) 애묘가가 아닌 개 3마리를 키우는 애견가입니다.

이번 수다도 혹시 "기생충을 탄압하면, 슈퍼 기생충이 나온다." 이런 식의 제목으로 독자를 만나는 것 아닌가요? (웃음)

강양구 자꾸 그러시면 제목을 정말로 그렇게 붙입니다. (웃음)

기생충, 유성 생식을 낳다?

이명현 생식의 진화에도 기생충이 중요한 역할을 했다는 대목도 있었죠?

정준호 달팽이 중에서 원래는 암수가 한몸에 있는 자웅동체라 짝짓기를 안 하고 자가 수정을 하다가, 환경에 변화가 생기면 그때야 유성 생식을 하는 애들이 있어요. 그런 달팽이가 서식하는 호수에다 기생충을 풀어놓고 기생충이 있을 때와 없을 때를 비교해 봤어요. 그랬더니 원래 무성 생식을 하던 달팽이들이 기생충이 들어오자마자 유성 생식을 하는 거예요.

유성 생식을 하면 유전자의 다양성이 커지기 때문에 개체군이 더 튼튼해집니다. 실제로 기생충을 풀어놓은 달팽이 개체군이 그렇지 않은 개체군보다 생존율도 높았어요. 이런 연구 결과는 기생충의 존재가 진화에 있어서 유성 생식의 발현에 결정적인 영향을 줬을 가능성을 지지하죠.

서민 방금 정준호 선생님이 흥미로운 연구 결과를 소개했는데요. 저는 그 대목을 읽으면서 좀 다른 생각을 해 봤어요. 정 선생님이 소개한 달팽이 연구도 마찬가지입니다만, 외국에서는 현장에서 평생 한 가지 기생충을 연구하는 과학자가 많습니다. 그런데 우리나라에서는 그런 유형의 과학자가 드물어요. 다들 현장이 아닌 학교에만 있어요.

영화 「연가시」가 떴을 때, 방송 인터뷰 요청이 많았어요. 왜냐하면, 국내에는 연가시 전문가가 없으니까요. 처음에는 횡설수설하다가 나중에는 정말로 '연가시 박사'가 되긴 했지만, 이건 사실 한국 기생충학계로서는 부끄러운 일이죠. 그리고 아까 정준호 선생님도 지적했습니다만, 걱정스러운 일이기도 합니다.

우리나라에서 기생충이 거의 멸종 직전이라고 얘기했지만, 인간 기생충만 그렇거든요. 생물 전체를 염두에 두면 기생충이 없는 생물이 없어요. 야생 쥐만 잡아도 기생충이 엄청나게 많아요. 그런 기생충이 어느 날 사람에게 전파될 수 있거든요. 예를 들어, 선모충만 해도 그래요. 원래는 야생 동물 사이에서만 살던 선모충이 결국 사람으로 확산된 거예요.

예를 들어, 연가시는 번식을 위해서 최종 숙주인 곤충을 물가로 유인해 자살로 이끌어요. 영화에서도 그런 점이 부각이 되었죠. 하지만 일단 인간에게 감염되지 않고, 인간에게 감염되는 변종 연가시가 생길 가능성도 희박합니다. 기생충은 아까 얘기했듯이 변이가 쉽지 않을뿐더러, 우리는 사마귀나 귀뚜라미 같은 곤충을 날로 먹는 식습관도 없으니까요.

하지만 그래도 우리나라에서 '연가시 박사' 한두 명쯤은 있으면 좋겠어요. 사실 기생충 연구를 하다 보면, 저나 정준호 선생님 책에서 다루지 못한 재미있는 것들이 무궁무진하거든요. 그런데 우리나라에서는 의과 대학 중심으로 기생충 연구가 이뤄지다 보니, 인간 기생충의 진단이나 치료 쪽만 부각되고 진짜 기생충 연구는 뒷전인 것 같아서 아쉽습니다.

강양구 그나마 국내의 인간 기생충 연구도 갈수록 축소되는 게 현실이라면서요? 기생충학자들 모임에 가면 쉰을 바라보는 서민 선생님께서 주문을 받는 등 아랫사람 노릇을 한다는 얘기를 읽고서 가슴이 아팠습니다. 여기 정준호 선생님 같은 젊은 연구자가 있어서 다행이긴 합니다만.

정준호 한국에서는 기생충학뿐만 아니라 기초 과학 전반에 그런 분야가 한두 개가 아니죠. 생물학으로만 좁혀서 봐도, 생태학도 분류학도 연구를 꾸준히 진행하는 분이 드물어요. 한국에서 기생충을 잡으면 분류부터 해야 하는데 분류할 학자가 없고 또 기생충이 생태계에서 어떤 위치를 차지하는지 알려면 생태학자가 필요한데 거기도 공백이니 한숨만 나오지요.

서민 2011년에 노벨 생리 의학상을 받은 랠프 슈타인먼(1943~2011년)은 30년 넘게 피부, 장 등에 있는 수지상세포(Dendritic cell)를 연구했어요. 이 세포는 인체의 면역 반응을 일으키는 중요한 역할을 합니다. 하지만 슈타인먼이 처음에 이 세포를 연구할 때만 해도 주위 반응은 '왜?' 이런 회의적인 반응이었대요.

노벨상은 유행을 좇는다고 받을 수 있는 게 아니라 이렇게 한우물만 뚝심 있게 팔 때 비로소 받을 수 있는 겁니다. 지금 현장에서 기생충을 연구하는 일이 당장은 과학이나 의학의 발전 혹은 인류의 복지에 도움이 안 되는 한가한 일로 보일지 모르지만, 그런 연구는 그 자체로 의미가 있을 뿐만 아니라 나중에 예상치 못한 가치를 낳을 수도 있어요.

강양구 다른 나라는 어떤가요? 일본 같은 곳만 해도 현장 연구를 하는 기생충학자의 폭이 넓죠?

정준호 일본은 굉장히 두텁습니다. 열대 의학의 전통이 강해서 검색해 보면 아주 많은 연구 성과가 축적돼 있어요. 일본 도쿄에 가면 메구로 기생충 박물관이 있는데 훌륭하죠. 다만 일본 과학자는 일본어로 논문을 쓰는 경우가 많아서 우리를 비롯한 외국 과학자가 그 연구 성과를 확인하고 공유하는 데 한계가 있습니다. 중국도 엄청난 양의 논문이 나오고요.

이명현 일본, 중국은 자국 영토 내에도 열대 지방이 있으니 열대 의학의 전통이 강할 수밖에 없겠죠.

강양구 우리나라는 일단 (아)열대 기후대가 없을 뿐만 아니라 제국을 경영한 적도 없잖아요. 정준호 선생님께서 공부했던 런던 대학교도 애초 식민지 관료를 양성하는 곳이었고, 그곳의 열대 의학 전통이 강한 것은 그런 맥락도 있는 것 같아요. 일본, 중국도 마찬가지일 수도 있겠다는 생각이 들어요.

일본만 하더라도 애초 자기네 영토가 아니었던 오키나와를 포섭했고, 또 나중에는 우리나라 또 중국과 동남아시아의 일부를 병합하면서 자연스럽게 현지의 기생충, 전염병(감염병) 등을 연구할 필요성이 있었겠죠. 그런 맥락에서 (식민지) 현장 연구를 하는 전통도 확립이 되었고요. 그런 역사적 맥락도 한 번쯤 짚을 필요가 있지 않을까요?

정준호 확실히 그런 면이 있네요. 전 세계적으로 열대 의학이나 기생충학으로 유명한 대학이 위치한 곳을 보면 과거에 식민지를 경영했던 곳이거나 혹은 식민 지배의 거점에 위치해 있거든요. 영국도 그렇고 네덜란드, 프랑스, 인도, 브라질 또 홍콩 같은 곳도 기생충학이나 열대 의학으로 유명합니다.

김상욱 북한은 어떤가요?

서민 얼마 전 탈북자 한 명이 배가 아프다고 해서 대장 내시경 검사를 해봤더니 편충이 31마리가 나왔어요. 기생충학을 전공하고 나서 그동안 몸 하나에서 가장 많이 본 편충이 2마리였거든요. 그 사람은 너무 배가 아파서 온 것이니까, 다른 탈북자의 몸에도 기생충이 있을 가능성이 크죠. 개인적으로 탈북자

입국할 때 기생충 검사 정도는 해 주면 좋겠어요.

정준호 제가 알기로도 북한의 사정이 심각해요. 기생충학자들은 최근에 국내에서 (삼일열) 말라리아가 다시 유행하는 것도 북한에서 재유입된 것으로 판단합니다. 세계 보건 기구(WHO)는 북한에 매년 30만 명 정도의 말라리아 환자가 발생하는 것으로 보고 있어요. 그 말라리아를 가진 모기가 휴전선을 넘어오지 말란 법이 없잖아요.

그러니까 기생충학이 다시 살아나기 위해서라도 얼른 남북 관계가 개선되고, 통일이 되어야 합니다. (웃음)

서민 지금 돌아가는 상황을 보면 암울하죠.

말라리아, 달래는 게 최선이다

강양구 말라리아 얘기가 나온 김에 그 얘기를 좀 더 해 보죠. 사실 WHO가 가장 걱정하는 전염병 중 하나가 말라리아잖아요. 우리나라야 뇌 조직에 심각한 타격을 주고 전신 종양을 일으키는 열대열 말라리아가 발생하지 않고 있어서 북한 또 남한에서 말라리아가 확산되어도 사망자가 있거나 그러진 않습니다만, 열대 지방은 심각하잖아요. 매년 200만~300만 명이 죽죠?

서민 말라리아는 혈액 속 적혈구에서 헤모글로빈을 먹고 살아요. 헌혈할 때 말라리아 검사를 하는 이유도 이 때문입니다. 최근 50년간은 말라리아의 가장 좋은 치료제가 클로로퀸이었어요. 그런데 이 약에 대해서 말라리아가 내성을 갖기 시작해서, 웬만한 지역에서는 쓰지도 못하는 지경에 이르렀어요. 또 다른 약(아르테미시닌)도 이미 내성이 나타나기 시작했고요.

강양구 말라리아가 정말로 심각한 문제인데, 우리나라도 이제 지구 온난화로 아열대 기후가 되면 열대열 말라리아가 유입될 가능성이 있지 않을까요?

정준호 가능성은 있습니다. 하지만 말라리아는 인플루엔자 바이러스처럼 사람에서 사람으로 옮겨지는 게 아니라서 그러기엔 장애물이 많은 편이에요. 기후 변화에 이어서 열대열 말라리아를 전파할 수 있는 모기도 같이 유입되어야 하고, 또 충분한 열대열 말라리아 환자가 있어야 다른 사람한테 확산이 되겠죠. 열대열 말라리아에 감염된 인구가 대량 이동하면 모를까요.

김상욱 이주 노동자 같은 변수가 있을 수 있겠군요?

정준호 말씀을 듣고 보니, 그런 예가 있긴 하군요. 크루스파동편모충이 일으키는 샤가스 병이 남아메리카를 중심으로 분포합니다. 만성 감염에서 뇌졸중, 심장 기형 등을 일으키는데, 치료약이 없어서 예방이 중요하죠. 원래 미국은 이 샤가스 병이 없었어요. 크루스파동편모충이 박멸되었으니까요.

그런데 최근 20년간 멕시코를 비롯한 남아메리카에서 미국으로 인구가 유입되면서, 지금은 미국에서만 30만 명 이상의 감염자가 있는 걸로 추산되고 있어요. 미국은 의료 보험 제도가 워낙에 엉망이라서 이민자나 제3국 출신 불법 체류자의 건강 관리가 엉망이죠. 그러니 실제로 샤가스 병 환자가 얼마나 있는지 정확한 집계조차 안 되는 실정입니다.

서민 말라리아 내성 얘기도 했습니다만, 기생충이나 세균, 바이러스가 유발하는 전염병은 너무 세게 몰아붙이면 안 됩니다. 왜냐하면, '박멸', '절멸'을 목표로 몰아붙이면 이것들이 반드시 예상치 못한 방식으로 반격을 해 오거든요. 항생제나 항바이러스제를 개발하는 속도가 이들의 변이 속도를 절대로 따라갈 수가 없어요.

정준호 최근에 그런 점을 의식하고 공중 보건에서도 변화가 있어요. 옛날에는 '박멸'이라는 말을 썼는데, 요즘에는 그렇지 않아요. 기생충 '박멸' 사업이라 하지 않고 기생충 '관리' 사업이라고 합니다. 완전히 없애는 게 불가능할 뿐만 아니라 일부에서는 그것이 바람직한지도 의문을 제기하죠.

학계에서도 요즘엔 '길들인다.'는 표현을 많이 쓰죠. 그러니까 병독성이 약한 기생충, 세균, 바이러스를 퍼뜨려서 독한 것이 나오지 않도록 경쟁을 시키는 방식으로요. 사실 지금은 '공공의 적'이 되었습니다만, 말라리아만 하더라도 원래는 그렇게 나쁜 애들이 아니었죠. 자꾸 몰아붙이다 보니까…….

앞으로 백수를 놓고서
"기생충 같은 놈아!"
같은 욕은 안 했으면
좋겠어요.

서민 말라리아는 원래 나쁜 애들 아닌가요? (웃음) 걔는 기생충 중에서는 이단아죠. 기생충의 정신(精神)이 숙주한테 빌붙어서 '은인자중(隱忍自重)'하는 것이죠. 그래서 이런 은인자중하는 많은 착한 기생충이 매도될 때마다 속상하고요. 그런데 말라리아는 '묻지 마 범죄'를 일으키는 사이코패스처럼 행동하니까요.

정준호 열대열 말라리아가 그런데요. 굳이 변명을 해 보자면 열대열 말라리아는 4형제(삼일열, 사일열, 난용열, 열대열) 중에서 제일 막내에요. 제일 나중에 사람한테 옮겨 온 것으로 보고 있거든요. 그러니까 아직 치기어린 행동을 하는 거죠. (웃음) 이렇게 치기어린 행동을 하는 애는 잘 달래는 게 최고죠.

강양구 애정이 듬뿍 묻어나네요.

정준호 그런데 걸리지도 않는다니까요. (웃음)

왜 기생충을 사랑하는가?

강양구 두 분 수다에 빠져서 시간 가는 줄도 몰랐네요. 마지막으로 사랑하는 기생충에게 고백 한마디씩 하면서 수다를 정리하죠. 아프리카 탄자니아에서 기생충 관리 사업의 실무자로 활동하면서 틈틈이 현장 연구도 진행하는 정준호 선생님부터 앞으로의 계획도 같이 얘기해 주세요.

정준호 오늘도 애정을 유감없이 표시했지만, 제 몸을 내줄 정도로 기생충을 사랑합니다. (웃음) 지금 현장 연구를 한다고 치켜세워 주셨지만, 솔직히 말하면 저주받은 몸에 저주받은 손인지 실험을 잘 못해요. 제 손만 거치면 결과가 잘 나오지 않아요. (웃음) 그래서 저는 오히려 학교에서 실험을 하는 학자들이 멋있어 보이더군요.

그래서 앞으로 반은 실험실, 반은 현장에서 연구를 하는 게 꿈입니다. 앞으로 본격적으로 기생충과 밀고 당기는 연애를 해 볼 생각입니다.

서민 저야 기생충만 생각하면 미안한 마음이 앞서죠. 제가 언론 앞에서는 기생충을 사랑한다고 말하지만, 사실 기생충을 연구 대상으로만 삼았기 때문이죠. 이렇게 기생충 책을 낸 것도 그런 미안함을 보상하려는 것이었는데, 또 기생충을 이용하기만 한 게 아닌가 싶어서…….

아무튼 아까 일본의 메구로 박물관 얘기가 잠깐 나왔죠? 개인적으로 우리나라에서 제대로 된 기생충 박물관을 하나 만드는 게 제 평생의 꿈이에요. 제가 사는 곳이 천안인데, 이런 곳에다 그럴듯한 기생충 박물관을 하나 만들면 지역 발전 또 과학 발전에도 이바지하고, 기생충에 대한 평생의 미안함도 갚을 수 있지 않을까요? (웃음)

강양구 이제 막 방송인으로 데뷔하셨잖아요. 유명해지셔서 CF를 하셔야겠네요.

서민 CF를 할 만한 인지도가 안 되어서 그런 생각까진 못해 봤는데……. 그런데 저한테 들어올 CF가 구충제 CF밖에 없는데, 제 신념이 구충제를 먹지 말자는 것이어서.

강양구 아니요. 다른 CF도 가능하세요. 어떤 CF를 원하세요. 이참에 공개적으로…….

서민 건강 음료 같은 것. (웃음)

정준호 빨리 기생충 알이 상용화되어서……. (웃음)

강양구 네, 기대하겠습니다.

기생충의 복수

2012년 5월 2일 《네이처》, 6월 22일 《사이언스》에는 아주 논란이 많은 연구 결과가 실렸습니다. 미국(《네이처》)과 네덜란드(《사이언스》)의 과학자들이 호흡기를 통해서 공기 중으로 전염되는 조류 독감(조류 인플루엔자) 바이러스(H5N1 바이러스)를 인공적으로 만들어 낸 것입니다.

지난 100년간 바이러스를 포함한 미생물이 인류를 괴롭혔던 가장 끔찍한 기억은 '스페인 독감'으로 알려진 1918년의 인플루엔자 대유행이었습니다. 제1차 세계 대전이 한창이던 때에 전 세계를 강타한 이 인플루엔자로 인해 우리나라를 포함한 세계 곳곳에서 5000만에서 1억 명에 달하는 엄청난 사망자가 생겼죠.

그 뒤로도 인플루엔자는 주기적으로 우리를 괴롭혔습니다. 급기야 1997년 조류 인플루엔자의 일종인 H5N1 바이러스가 홍콩에서 사람에게 전염되어 6명이 죽는 일이 발생했습니다. H5N1 바이러스의 치사율은 60퍼센트에 이르지만, 다행히 17년이 지난 지금까지 사망자는 수백 명에 불과합니다(2014년 7월 현재 393명).

이렇게 H5N1 바이러스의 피해가 적은 것은 그것이 보통의 인플루엔자처럼 호흡기를 통해서 공기 중으로 감염되지 않아서죠. 세계 보건 기구(WHO) 등의 과학자는 치명적인 H5N1 바이러스가 돌연변이를 일으켜서 호흡기를 통한 공기 중 감염 능력을 획득할 가능성에 노심초사해 왔습니다. 그런 일이 발생한다면 말 그대로 전염병 재앙이 세계를 덮칠 테니까요.

그런데 일단의 과학자들이 이 돌연변이를 실험실에서 탄생시킨 것이죠. 이들은 이런 실험을 통해서 H5N1 바이러스의 돌연변이 메커니즘을 미리 확인한다면, 인류에 치명적인 H5N1 바이러스에 대항할 인류의 역량—백신, 항바이러스제 등—이 훨씬 더 강화되리라고 목소리를 높였습니다.

이들의 연구 결과를 담은 논문은 약 1년에 걸친 과학계의 논란 끝에 결국 온전한 상태로 공개가 되었습니다. 이 과정에서 약 39명의 과학자들이 자발적으로 인플루엔자 돌연변이 실험의 중단을 선언해 주목을 받기도 했었죠. 과학자들이 자진해서 자신의 연구 중단을 선언한 것은 1974년 DNA 재조합 실험의 위험을 염려해서 자진 중단을 선언한 이후 두 번째입니다.

이 드라마틱한 사건은 바이러스, 세균을 포함한 기생충과 우리의 관계를 다시 한 번 생각해 보게 합니다. 많은 이들이 인류를 절멸할 위협으로 바이러스, 세균 혹은 또 다른 기생충이 야기하는 전염병의 유행을 듭니다. 이렇게 전염병으로 인류가 절멸하는 설정은 스티븐 킹의 『스탠드』(전6권, 조영학 옮김, 황금가지, 2007~2008년)를 비롯한 수많은 소설, 영화의 단골 소재죠.

사실 자연 상태에서 바이러스, 세균 혹은 다른 기생충이 그 숙주인 인류를 절멸시킬 정도로 공격하는 일은 거의 없습니다. 진화의 관점에서 보면, 인류와 같은 숙주 생명체가 지구에서 사라지는 것은 바이러스, 세균과 같은 기생충 입장에서도 결코 바람직한 일이 아니니까요. 하지만 이미 그런 자연의 균형이 깨진 상태라면 어떨까요?

앞에서 언급한 1918년에 대유행한 스페인 독감만 해도 그렇습니다. 당시 이 스페인 독감이 거의 1년 가까이 전 세계 곳곳으로 전파되면서, 수많은 희생자를 낳았던 중요한 이유는 따로 있습니다. 1918년은 제1차 세계 대전이

전 세계로 확산되어 막바지로 치닫고 있는 때였죠. 전선의 참호는 인플루엔자 바이러스가 비정상적으로 숙주를 사냥할 최적의 장소였습니다.

지금 우리가 전염병 대재앙을 걱정하는 것도 이 때문입니다. 우선 세계는 자동차, 비행기와 같은 교통 수단 덕분에 과거와는 비교할 수 없을 정도로 압축되어 있습니다. 1347년 이탈리아 시칠리아 섬에 처음으로 상륙한 흑사병이 유럽 전역으로 퍼지는 데는 거의 4년이 걸렸습니다. 하지만 2009년 멕시코와 미국에서 시작한 신종 인플루엔자 A(H1N1) 바이러스가 아시아, 유럽을 덮치는 데 걸린 시간은 불과 열흘이었습니다.

인플루엔자 바이러스가 미쳐서 날뛸 법한 환경은 전쟁터에만 있는 것이 아닙니다. 뭄바이(인도), 상파울로(브라질), 델리(인도), 카라치(파키스탄), 멕시코시티(멕시코) 등 전 세계 곳곳의 거대 도시에는 예외 없이 전쟁터의 참호와 다를 바 없는 위생 상태의 빈민 거주 지역이 있습니다. 이곳은 인플루엔자 바이러스가 다시 한 번 숙주를 사냥할 최상의 조건을 갖췄죠.

앞에서 언급한 과학자의 실험이 과연 이런 상황을 제어할 힘을 인류에게 줄 수 있을까요? 세상 일이 그렇게 의도한 대로만 되면 얼마나 좋겠습니까. 실험실에서 좋은 목적으로 만들어진 돌연변이 바이러스가 통제를 벗어난다면 어떻게 될까요? 네덜란드, 미국과 같은 나라에서는 비교적 엄격한 통제가 이뤄지는 실험실에서 이런 연구가 진행되니 안심해도 된다고요?

세상에 바이러스 돌연변이 연구를 네덜란드, 미국의 과학자만 독점하라는 법은 없죠. 너도나도 이 연구에 뛰어들면 세계 곳곳에서 이런 비슷한 바이러스 돌연변이가 경쟁적으로 만들어질 것입니다. 그렇게 만들어진 길들여지지 않은 바이러스 중 하나라도 실험실 밖으로 탈출하면 어떻게 될까요?

2011년 H5N1 바이러스 돌연변이를 만들었던 미국의 과학자(가와오카 요시히로)는 2014년 현재 신종 인플루엔자 A(H1N1) 바이러스의 돌연변이를 만드는 연구를 진행 중입니다. 그 바이러스는 인간의 면역 체계의 방어를 회피하도록 변이된 것입니다. 그는 여전히 이렇게 믿고 있습니다. 여러분의 생각은 어떤가요?

이 연구는 자연 상태에서 일어나는 바이러스의 돌연변이에 대응하고, 백신을 개발하는 데 도움이 될 것입니다.

알레르기 치료는 돼지편충 알!!

빅 데이터

빅 데이터, 세상을 바꾸다

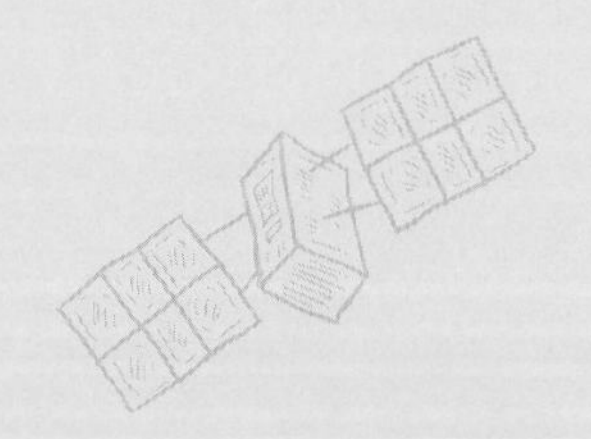

채승병
삼성 경제 연구소
수석 연구원

김상욱
경희 대학교
물리학과 교수

이명현
과학 저술가 /
천문학자

강양구
지식 큐레이터

빅 데이터? 이건 또 뭔가 싶죠?

사실 여러분은 오늘도 빅 데이터를 만드는 데 큰 역할을 했습니다. 자, 생각해 보세요. 아침에 일어나자마자 친구나 직장 동료와 메시지나 메일을 주고받았죠. 지하철이나 버스 요금은 후불 신용 카드로 지불했을 테고요. 자동차를 운전한다고요? 요즘에는 주차장마다 CCTV(폐쇄 회로 TV)로 오가는 자동차를 녹화하는 건 기본입니다. 도로의 CCTV는 어떻고요?

회사에서 여러분의 일상은 거의 고스란히 디지털 정보로 남습니다. 출퇴근 시간뿐만 아니라 컴퓨터를 켜고 끄는 시간까지 기록되는 곳이 부지기수입니다. 어떤 회사는 직장의 아이디(ID) 카드의 칩을 이용해서 특정 직원이 하루 종일 어떤 직원과 상호 작용을 했는지를 기록하기도 합니다. (상호 작용이 많은 직원일수록 업무 능력이 좋다죠?)

점심 때 온라인 쇼핑몰에서 오랫동안 카트에 넣어 뒀던 '신상'을 구매할 때, 대통령 하는 일이 하도 답답해서 SNS에서 바른말 잘하는 한 교수의 말을 펴다 나를 때, 퇴근 시간을 기다리며 SNS로 친구가 날려 준 '야동'에 슬쩍 곁눈질을 할 때……. 이 모든 일은 온라인 곳곳에 흔적을 남깁니다. 그리고 그 흔적이 바로 쌓이고 쌓여서 빅 데이터가 되죠.

아직도 감이 안 온다면, 지금 당장 포털 사이트에 '빅 데이터'를 입력해 보세요. 2015년 1월 15일 기준으로 네이버에서는 4만 7782건의 뉴스가 검색됩니다. 구글(google.com)에 영어로 "Big Data"를 입력하면 결과는 더 극적입니다. 무려 문서 6240만 건이 검색됩니다.

책은 또 어떻고요? 『빅 데이터, 경영을 바꾸다』(함유근·채승병 지음, 삼성경제연구소, 2012년), 『빅 데이터가 만드는 세상』(빅토르 마이어 쇤버거·케네스 쿠키어 지음, 이지연 옮김, 21세기북스, 2013년), 『여기에 당신의 욕망이 보인다: 빅 데이터에서 찾아낸 70억 욕망의 지도』(송길영 지음, 쌤앤파커스, 2012년) 등 불과 2년 사이에 제목에 '빅 데이터'라는 단어를 포함한 책도 100권 가까이 나왔습니다.

이 정도면 뭔가 대단한 일이 진행 중인 것 같습니다. 하지만 빅 데이터를 둘러싼 이 난리법석 속에서도 그것이 도대체 무엇인지 친절하게 설명하고, 또 그것이 왜 중요한지 집요하게 따져 묻는 모습은 없습니다. 늘 그렇듯이 한쪽에는 '열광'과 '호들갑'이 그리고 다른 쪽에는 '냉소' 혹은 '무관심'이 있습니다.

한국 과학 기술원(KAIST) 물리학과에서 박사 학위를 받고 나서, 경계를 훌쩍 넘어 삼성 경제 연구소에서 연구 중인 채승병 박사는 이런 상황이 답답한 사람 중 한 명입니다. 그래서 채 박사가 빅 데이터의 이모저모를 따져 보는 가이드로 나섰습니다. 비록 지금은 기업의 돈벌이 수단에 머물러 있지만, 인공 지능과 같은 과학 기술의 혁신을 선도하고, 궁극에는 우주의 미래를 책임질지도 모르는 빅 데이터의 세계로 여러분을 초대합니다.

'빅 데이터'는 '큰 데이터'가 아니다

강양구 오늘 수다의 주제는 '빅 데이터(Big Data)'입니다. 그대로 번역하면 '큰 데이터'인데요. (웃음) 최근에는 기업이나 언론에서도 이 용어를 많이 사용하곤 하는데, 정의는 저마다 제각각입니다. 본격적으로 얘기를 시작하기 전에, 도대체 빅 데이터가 무엇인지 그 정의부터 따져 볼까요?

채승병 빅 데이터는 이른바 '3V'로 통칭되는 다음 세 가지 특징을 염두에 두고 정의를 내려야 합니다. 3V는 '규모(Volume)', '다양성(Variety)', '속도(Velocity)'인데요. 명실상부한 빅 데이터로 불리려면 이 세 가지 특징을 어느 정도 만족해야 합니다. 우선 규모부터 살펴볼까요.

이명현 데이터의 규모는 빅 데이터의 본질과 관계된 특징이죠. 도대체 어느 정도나 큰 데이터를 빅 데이터라고 부르는 겁니까?

채승병 엄밀한 정의는 없지만, 대략적으로 수 테라바이트에서 많게는 수 페타바이트 정도 크기의 데이터를 빅 데이터로 간주합니다. 10테라바이트를 빅 데이터의 양적 기준으로 삼으면 될 것 같아요. 그런데 10테라바이트라고 해도 대다수 독자는 그게 얼마나 큰 양인지 감이 없겠죠? (웃음)

비유를 해 보죠. 요즘에는 가장 작은 USB 메모리의 용량도 수 기가바이트를 넘습니다. 1기가바이트(10억 바이트)를 정수기에 꽂는 큰 생수통(18.9리터) 절반을 채울 정도의 모래로 비유해 볼게요. 그렇다면, 1테라바이트(1조 바이트)는 85

제곱미터(약 25평) 아파트에 10센티미터 깊이로 모래를 채울 정도의 양입니다. 1페타바이트(1,000테라바이트)는 해운대 백사장의 모래 정도고요.

그런데 이 정도의 빅 데이터가 드물지 않아요. 스위스 제네바 근처의 유럽 입자 물리 연구소(CERN, 세른)에는 100미터 지하에 전체 길이 27킬로미터의 LHC(Large Hadron Collider, 대형 강입자 충돌기)가 있어요. 이 LHC에서 2010년 한 해에만 무려 13페타바이트의 데이터가 쏟아져 나왔습니다.

과학뿐만이 아니에요. 세계 최대의 유통 업체 월마트는 전 세계 15개국에 8,500곳이 넘는 매장을 가지고 있어요. 월마트에서 관리하는 각종 거래 데이터만 벌써 2,500테라바이트를 넘어섰어요. 데이터 웨어하우징 인스티튜트(The Data Warehousing Institute, TDWI)의 조사 결과를 보면, 미국 기업의 약 37퍼센트가 이미 10테라바이트 이상의 데이터를 갖고 있다고 합니다.

강양구 일단 빅 데이터의 양적 기준은 10테라바이트 정도라는 건 확인했습니다. 그런데 빅 데이터가 단순히 큰 데이터는 아니죠?

채승병 맞아요. 단순히 큰 규모만으로 빅 데이터라고 할 수 없는 이유는 오늘날 쏟아지고 분석해야 할 데이터의 형태가 매우 다양하기 때문입니다. 이제까지 분석의 대상이 되었던 데이터는 대부분 비교적 형태가 균질한 것이었어요. '마이크로소프트 엑셀'과 같은 스프레드시트로 열과 행을 정리해 당장 표로 만들 수 있는 데이터입니다.

하지만 최근에 쏟아지는 데이터는 이처럼 미리 형식이 정해지지 않았어요.

당장 우리가 일상적으로 이용하는 인터넷 포털 사이트에 쌓이는 데이터만 보세요. 뉴스, 블로그나 온라인 커뮤니티 게시판의 글이나 사진, 유튜브 등에 올라와 있는 동영상, 팟캐스트, 음악 등 아주 다양합니다. 이런 데이터를 일목요연한 표로 만드는 일은 아주 어려운 작업입니다.

이처럼 데이터 하나하나마다 크기와 내용이 달라서 통일된 구조로 정리하기 어려운 데이터를 '비정형 데이터'라고 부릅니다. 이런 비정형 데이터는 갈수록 그 비율이 늘어나서, 앞으로 맞닥뜨릴 전체 데이터 가운데 90퍼센트 이상을 차지할 것으로 전망됩니다. 바로 빅 데이터의 중요한 특징을 다양성이라고 보는 이유입니다.

이명현 마지막으로 속도가 있네요. 데이터가 쏟아지는 속도가 예전과는 비교할 수 없을 정도로 빨라졌다는 얘기죠?

채승병 2011년 5월 2일 새벽(파키스탄 현지 시각)에 미군이 파키스탄 북동부 아보타바드의 안전 가옥에 은신 중이던 오사마 빈 라덴을 급습해 사살했어요. 작전이 종결되고 시신을 후송하는 단계에서, 백악관은 5월 1일 밤 9시 45분(미국 동부 시각)에 몇 시간 내로 대통령의 중대 발표가 있을 거라고 예고했습니다.

불과 40분 만인 밤 10시 24분, 부시 행정부 당시 도널드 럼스펠드 국방부 장관 보좌관이었던 키스 어반이 "믿을 만한 소식통을 통해서 빈 라덴이 죽었다는 소식을 들었다."라고 트위터에 올렸어요. 이 소식은 순식간에 전 세계로 퍼져 나갔는데, 그 속도가 무려 초당 5,000회에 이를 정도였습니다. 대통령의 공식 발표(밤 11시 35분) 전에, 이미 전 세계의 사이버 공간은 이 소식으로 떠들썩했지요.

빅 데이터 시대 이전에는 어떤 사건이 일어나도 그 데이터를 수집, 처리해서 사람에게 전달하기까지 시간 간격이 컸어요. 텔레비전 생중계가 보편화하기 이전에는 보통 아침, 저녁에 신문에 보도되기까지 하루, 이틀 정도의 시간차가 있었습니다. 하지만 이제 대중은 동영상 생중계 혹은 트위터, 페이스북과 같은 사회 연결망 서비스(SNS)를 통해서 거의 실시간으로 소식을 접합니다. 당연히 이 과정에서 수많은 데이터가 굉장히 빠른 속도로 축적되지요.

강양구 규모, 다양성, 속도를 염두에 둔 빅 데이터의 정의는 대충 이런 식이 될 것 같군요. 『빅 데이터, 경영을 바꾸다』에서 정의한 내용입니다.

> 빅 데이터란 보통 수십에서 수천 테라바이트 정도의 거대한 크기를 갖고, 여러 가지 다양한 비정형 데이터를 포함하고 있으며, 생성-유통-소비(이용)가 몇 초에서 몇 시간 단위로 일어나 기존의 방식으로는 관리와 분석이 매우 어려운 데이터 집합을 의미한다. (『빅 데이터, 경영을 바꾸다』, 36쪽)

채승병 그런데 현실에서 빅 데이터는 데이터 집합뿐만 아니라 더욱더 넓은 의미로도 쓰이고 있어요. 빅 데이터를 다루려면 비교적 작은 크기의 정형화된 데이터에서 쓰이던 것과는 다른 차원의 기술과 인력이 요구됩니다. 따라서 좁은 의미의 빅 데이터를 관리하고 분석하는 데 필요한 기술과 인력 등을 한데 묶어서 빅 데이터로 정의하기도 합니다. 이런 식으로요.

> 빅 데이터란 기존의 방식으로는 관리와 분석이 매우 어려운 데이터 집합, 그리고 이를 관리, 분석하고자 필요한 인력과 조직 및 관련 기술까지 포괄하는 용어이다. (『빅 데이터, 경영을 바꾸다』, 37쪽)

빅 데이터, '인공 지능'을 꿈꾸다!

김상욱 얘기를 듣고 보니 학생에게 가끔씩 던지는 질문이 떠오릅니다. "아메바가 크냐, 작냐?" 당연히 학생들의 첫 반응은 '웬, 바보 같은 질문?' 이런 식이죠. "아메바가 작지, 그럼 커요?" 하고 반문합니다. 하지만 아메바는 사람보다는 작지만 원자보다는 크죠. 그래서 물리학자는 절대로 '크다, 작다.' 이런 말을 비교 대상 없이 쓰지 않아요.

물리학자에게는 그냥 '크다.' 이런 말은 의미가 없어요. 저 같은 양자 물리학자에게는 우주, 사람, 아메바 모두 뉴턴의 만유인력의 법칙이 그대로 적용되는 같은 규모의 세계거든요. 그런데 빅 데이터는 그냥 '크다.' 이런 것만 강조하는 것 같아요. 빅 데이터가 기존의 작은 데이터와 어떤 근본적인 차이가 있나요?

채승병 맞습니다. 굉장히 중요한 지적입니다. 일단 데이터의 속성이라는 면에서는 근본적인 변화라고 할 만한 건 없어요. 더구나 빅 데이터에 맞춤한 관리, 분석 방법이 계속해서 나오고 있지만 "그것이 과거 데이터를 다루는 접근과 근본적인 차이가 있느냐?" 하고 물어보면 답변이 군색한 게 사실이고요.

그래서 빅 데이터 유행을 좀 비판적으로 보는 학자 중에는 이렇게 비아냥거리는 사람도 있습니다. "만날 하던 건데, 빅 데이터라고 사기를 쳐!" 이렇게요. 그런데 좀 다른 측면에서 따져 보면 어떨까요? 빅 데이터의 효과를 염두에 두면, 그것이 세상을 이해하는 우리의 접근 방식을 근본적으로 바꾸는 계기가 될 수 있거든요.

그러니까 과학자 입장에서는 '빅 데이터, 이게 뭐야.' 하고 대수롭지 않게 생각할 수 있지만, 일상생활과 밀접하게 맞닿아 있는 부분 즉 비즈니스 현장과 같은 곳에서는 빅 데이터가 엄청나게 큰 변화를 유발할 수 있거든요. 우리가 빅 데이터를 놓고서 얘기할 때도 바로 그런 변화에 초점을 맞춰 볼 필요가 있을 것 같아요.

강양구 구체적인 예를 놓고서 수다를 이어 가면 어떨까요?

채승병 아까 세른의 LHC 얘기도 잠깐 했습니다만, 물리학, 천문학, 생물학 등 과학의 여러 분야에서는 이미 빅 데이터를 계속해서 다뤄 왔습니다. 그러니까 자연을 이해하는 중요한 수단으로 빅 데이터를 활용해 온 거죠. 앞으로도 자연과학에서 빅 데이터의 중요성은 더욱더 커질 거예요.

이명현 천문학에서도 이제 과거에 찍은 사진을 디지털 이미지로 가공하기 시작했어요. 그 과정에서 해상도가 좋아지면서, 예전에는 보지 못했던 새로운 사실이 드러납니다. 금성만 해도 그래요. 금성이 예전에는 죽은 행성이라고 생각했는데, 1970년대에 금성을 찍은 사진을 다시 해상도를 높여 보니까 화산이 폭발하는 등 활발히 활동하고 있는 거예요.

명왕성도 공식 발견한 해는 1930년입니다. 그런데 이미 그 이전에 한 천문대에서 찍은 사진에 명왕성이 찍혀 있었던 거예요. 나중에 사진을 디지털 데이터로 바꾸는 과정에서 확인이 된 거죠. 이렇게 데이터를 재해석하는 과정에서 나타나는 발견이 많으니 아예 '프리커버리(precovery)'라는 새로운 용어까지 등장했어요.

채승병 그런데 이제는 과학뿐만 아니라 선거와 같은 사회 현상을 이해하는 중요한 수단으로 빅 데이터의 활용을 모색 중이에요.

오바마 대통령이 재선에 성공한 지난 2012년 미국 대선도 그중 한 예입니다. 민주당이든 공화당이든 미국의 정당이 선거에서 데이터의 중요성을 강조해 온 건 어제오늘의 일이 아닙니다. 그런데 지난 2008년 미국 대선 때부터 이런 데이터에 질적인 변화가 나타났어요. 오바마 대통령을 지지하는 흑인, 여성, 20~30대의 피 끓는 열정이 인터넷 게시판을 달군 거죠.

특히 트위터, 페이스북과 같은 SNS를 통한 선거 운동이 활발했는데요. SNS를 비롯한 인터넷 게시판에 축적된 엄청난 데이터는 과거 선거 운동에 활용된, 예를 들면 여론 조사 데이터 등과는 질적으로 다른 것이었어요. 그리고 선거가 끝나고 나서 민주당은 이런 데이터를 통합하는 작업을 수행합니다.

그리고 이렇게 축적된 빅 데이터를 바로 이번 대선에서 활용한 거예요. 지역별, 세대별, 인종별, 계층별로 차별화된 정책을 다양한 방식으로 홍보하고, 또 SNS의 여론 동향을 2008년과 비교해서 판세를 점검하고, 불리한 쪽에 막대한 홍보비를 쏟아붓는 식의 맞춤형 선거 운동을 한 거죠. 그리고 그 결과 오바마 대통령은 예상외의 낙승을 거뒀습니다.

지금 빅 데이터를 둘러싼 여러 가지 시도는 바로 이런 정보의 가치를 다루는 새로운 접근으로 보입니다.

이번 미국 선거 운동의 사례는 빅 데이터가 앞으로 어떻게 활용될 수 있을지를 보여 주는 예입니다. 인류의 역사를 살펴보면, 과학 기술의 관점에서 보면 보잘것없는 혁신이었는데 그것이 결과적으로 사회에 굉장히 큰 영향을 준 게 많아요. 빅 데이터가 바로 그런 역할을 하리라고 예상합니다.

강양구 공감합니다. 뉴미디어에서 기자 생활을 하다 보니, 기존에 다양한 형식으로 흩어져 있던 데이터를 단순히 통합해서 정리하는 것만으로도 전혀 다른 효과를 낳는 모습을 종종 보거든요. 그런 점에서 빅 데이터가 사회에 주는 충격은 생각보다 훨씬 더 클 수도 있으리라고 생각합니다.

이명현 얘기를 듣다 보니, 생각이 났는데요. 물리학에서 '창발(emergence)' 개념이 주목을 받고 있습니다. 네트워크를 구성하는 여러 요소들이 상호 작용하면서 각각의 요소에서는 볼 수 없었던 전혀 다른 성질을 보이는 현상을 일컫는 개념이죠. 빅 데이터도 일종의 창발이 아닐까요? 개별 데이터에서는 기대할 수 없었던 어떤 효과를 데이터의 집합이 낳는 거니까요.

채승병 바로 생각나는 게 구글 번역 서비스입니다. 예전의 번역 서비스는 연역적인 접근이었어요. 문법부터 시작하는 겁니다. 번역을 해야 할 영어 문장이 있으면 'I'는 '나' 'am'은 '이다.' 'boy'는 '소년' 이렇게 따지는 거예요. 그렇게 일대일로 대응을 시킨 다음에 미리 입력한 문법에 따라서 번역어를 조합하는 거지요. 그 결과는 도저히 읽을 수 없는 번역 문장이었고요.

그런데 구글 번역 서비스는 귀납적인 접근 방법을 택하고 있습니다. 수많은 문장을 통째로 일정한 유형(pattern)으로 분류해서 입력해 놓고서, 상황에 따라서 적당한 번역 문장을 내놓아요. 이런 번역 서비스가 제대로 되려면 엄청난 데이터가 축적되어야 합니다. 지금도 상당한 데이터가 있지만, 앞으로 더 많은 데이터가 쌓이면 굉장히 그럴듯한 번역 서비스를 제공받을 수 있을 거예요.

강양구 듣고 보니, 한 후배 기자가 사내 게시판에 올려서 기자들끼리 낄낄대던 일화가 생각납니다. 구글 번역 서비스에서 한국어를 영어로 번역을 하면 그 결과가 신통치 않아요. 그런데 한국어를 문법 구조가 비슷한 일본어로 번역을 하면 꽤 그럴듯하거든요. 이 일본어를 다시 영어로 번역하면 애초 한국어 문장에 상응하는 상당히 정확한 영어 문장이 나옵니다.

도대체 왜일까요? 일본 야동(야한 동영상)의 힘이죠. (웃음) 영어권의 사용자들이 일본에서 생산된 야동, 애니메이션, 만화 등의 대사를 자꾸 번역을 하다 보니, 일본어를 영어로 번역한 데이터가 쌓이고, 그 결과 일본어를 영어로 번역하면 그럴듯한 문장이 나오게 된 겁니다. 의외의 곳에서 방금 지적한 빅 데이터의 효과가 나타난 거예요.

이명현 사실 구글 번역 서비스는 인간 지능과도 유사하죠. 그런 점에서 빅 데이터는 '인공 지능(Artificial Intelligence, AI)'과도 통하는 것 같네요.

채승병 맞습니다. 우리가 문법부터 배워서 말을 하는 게 아니잖아요. 계속 듣고, 쓰다 보니 특정한 문장의 유형이 머릿속 신경망에 각인이 되고, 또 그런 데이터가 쌓이면서 '이럴 때는 높임말을 해야지.' 하는 예외적인 상황이 부가되면서 일상생활에서 의사소통이 가능해졌잖아요.

그런데 예전에는 인공 지능을 연구하는 과학자들이 이런 인간 지능의 작동 방식을 적용할 수 없었어요. 왜냐하면 인간 지능처럼 작동하는 인공 지능을 구현하고 학습을 시키려면 엄청난 데이터가 필요하니까요. 그런데 빅 데이터 시대가 되니까, 이렇게 인간의 뇌와 비슷한 방식으로 작동하는 인공 지능을 드디어 만들 수 있게 된 거죠.

구글은 공공연하게 자신을 인공 지능 회사로 자리매김합니다. "왜 이렇게 데이터를 축적하느냐고? 왜냐하면 우리는 인간을 행복하게 해 주는 진짜 똑똑한 인공 지능을 만들고 싶어서야." 바로 이게 구글의 비전입니다. 그리고 실제로 구글은 엄청난 데이터를 활용해 좀 더 똑똑한 검색 결과를 사람에게 내놓고, 좀 더 똑똑한 광고 방법으로 기업을 유혹하죠.

김상욱 그렇다면, 이런 빅 데이터는 거스를 수 없는 흐름이겠군요. 왜냐하면, 방금 예를 든 구글의 방식이야말로 자연스럽잖아요. 우리가 아는 지능을 가진 대부분의 생명체가 그런 식으로 학습을 하니까요. 다만 지금까지 우리는 생명체가 하는 방식을 흉내 내지 못했죠. 엄청난 자원이 필요했으니까요. 그런데 이제는 빅 데이터로 그런 게 가능해지고 있다는 거잖아요.

그런 점에서 빅 데이터야말로 궁극의 데이터라는 생각도 드는군요. 이거 얘기를 들을수록 빅 데이터의 매력에 빠져들고 있습니다. (웃음)

빅 데이터, '해석'이 중요하다

강양구 여기서 제가 좀 찬물을 끼얹어 볼게요. (웃음) 앞으로 빅 데이터는 자연 과학뿐만 아니라 인문·사회 과학에서도 여러 가지 충격을 줄 가능성이 큽니다. 인간이나 사회를 이해하는 데 빅 데이터가 활용될 여지가 앞으로 많아지리라는 겁니다. 그런데 그럴 때마다 굉장히 조심해야 할 것 같아요. 한 가지 좋은 예가 있어요.

2013년 3월 7일에 한 유력 언론은 "중증 질환, 부자가 더 걸린다.", "가난이 병은 옛말, 부자 동네 4대 중증 환자 더 많다." 등의 자극적인 제목의 기사를 실었어요. 이 기사는 국민 건강 보험 공단의 의료 이용 자료를 놓고서 빅 데이터 분석을 시도한 거예요. 그런데 우리가 아는 상식과는 정반대잖아요. 그래서 해당 언론과 기자가 "얼씨구나!" 하고 1면에 실었겠죠.

그런데 이 기사를 본 건강 불평등을 연구하는 학자 몇몇이 《프레시안》에 공동으로 반박 기고를 했습니다. "가난한 계층, 가난한 동네에서 질병 유병률, 사망률이 높다는 논문이 매년 수십 편씩 나오고 있고, 심지어 보건 복지부와 질병 관리 본부의 『국민 건강 통계』도 이런 사실을 뒷받침하고 있다."라고요.

도대체 어디서부터 잘못된 걸까요? 이 빅 데이터 분석이 완전히 잘못된 이유는 '맥락'을 고려하지 않았기 때문이에요. 국민 건강 보험 공단 의료 이용 자료는 의료 기관의 진료비 청구 자료이기 때문에, 질병이 있어도 (가난한 사람처럼) 의료 이용을 하지 않은 경우를 포함하지 못하죠. 또 (부자들처럼) 질병이 없는데도 의료 이용을 하는 경우는 포함하고요.

그러니 이 빅 데이터 분석의 정확한 해석은 이런 거죠. '부자들은 중증 질환 의료 이용을 더 많이 하는 반면에, 저소득층은 그렇지 못하다.' 이 언론의 빅 데이터 분석은 완전히 헛짚은 거죠. 앞으로 인간이나 사회를 이해하려는 빅 데이터 분석이 많아질수록 이런 식의 잘못된 해석이 많아질 것 같아서 걱정입니다.

채승병 정확한 지적입니다. 사실 그건 빅 데이터뿐만 아니라 모든 데이터 분석에서 공통적으로 부딪치는 문제입니다. 빅 데이터에 대한 사회적 관심이 높아질수록 '해석'의 중요성이 커지고 있어요. 그리고 더 나아가 빅 데이터에 어떤 가치를 담을 것인지를 놓고도 논쟁이 많아지고 있고요.

아예 요즘에는 빅 데이터 분석에 이공학도만 참여하는 것을 놓고도 문제 제기하는 이들이 많아요. 이공학도에게만 맡겨서는 제대로 된 해석이 나올 수 없다는 겁니다. 왜냐하면 인문·사회 과학자가 같이 참여했을 때 좀 더 정확한 해석이 가능할 테니까요. 아까 국민 건강 보험 공단의 의료 이용 자료를 해석하는 데도 건강 불평등 연구자가 참여했다면 어땠을까요?

강양구 아까 선거 얘기를 했잖아요. 그런데 SNS를 비롯한 인터넷 공간에 축적된 빅 데이터를 선거 등에 활용할 때도 좀 더 주의가 필요할 것 같아요. 왜냐하면 그런 빅 데이터에는 세대 간, 계층 간의 '정보 격차(digital divide)'의 문제가 분명히 각인되어 있거든요.

우리나라만 하더라도, SNS 공간의 여론은 거의 20~30대가 장악하고 있습니다. 그런데 지난 대선 때 확인했듯이 막상 뚜껑을 열어 보니 어땠나요? 빅 데이터의 대부분이 디지털 정보라는 점을 염두에 두고 해석에 주의를 기울여야 한다고 생각합니다. 현장에서 보기에는 어떤가요?

채승병 맞아요. 난점입니다. 지난 대선 때 민주당이 판세를 잘못 읽은 것도 바로 그런 점을 제대로 보정하지 못한 탓입니다. SNS 여론만 보고서 "이겼다!" 이런 거예요. 한편에서는 이런 민주당을 보고서 "그러니, 너희가 하수지!" 하고 비아냥거리기도 하고요. (웃음) 어차피 데이터 분석에는 '편견'이 들어갈 수밖에 없는 거고 그걸 보정하는 게 또 실력이니까요.

방금 지적한 정보 격차 문제는 그 자체로 굉장히 중요한 문제입니다. 요즘에는 정부나 지방 자치 단체에서 제공하는 여러 가지 유용한 생활 정보가 많잖아요? 그런데 정작 그런 정보는 꼭 필요한 저소득층 또는 노령 인구에게는 제대로 전달이 안 됩니다. 주로 인터넷을 통해서 공지하는데, 저소득층이나 노령 인구의 인터넷 이용률이 낮으니까요.

그래서 파격적이지만 이런 것도 고민해 봅니다. 지금 전 국민에게 주민 등록증을 지급하잖아요. 이제 어느 시점이 되면 스마트폰까지는 아니더라도, 최소한 일상적으로 인터넷 공간에 접속할 수 있는 디바이스는 전 국민에게 하나씩 지급해야 하지 않을까요? 물론 주민 등록증에도 알레르기를 일으키는 분들이라면, 이런 제안에 경악을 하겠지만요. (웃음)

빅 데이터와 빅 브라더를 넘어서

강양구 사실 빅 데이터는 곧바로 '빅 브라더(Big Brother)'를 연상시킵니다. (웃음) 조지 오웰의 『1984』(정희성 옮김, 민음사, 2007년)에 나오는 빅 브라더에 가장 가까운 기업이 구글이나 애플 같아요. 우리가 구글의 안드로이드폰이나 애플의 아이폰을 사용하면서 우리의 모든 데이터가 축적되고 있거든요.

좋은 쪽으로 해석하면 과거에는 상상도 하지 못했던 인공 지능 서비스를 받을 수 있지만, 다른 쪽으로 해석하면 세련된 방식의 감시 사회가 도래한 거잖아요. 감시당하는 이들이 자발적으로 자기 정보를 가져다 바치면서 감시를 자청하니까요. 기막힌 사회죠. 이런 점을 염두에 두면, 빅 데이터는 곧바로 개인 정보 보호, 즉 프라이버시와 연결됩니다.

채승병 정말로 중요한 문제입니다. 그래서 혹자는 빅 데이터라는 이름을 잘못 붙였다고 투덜대기도 해요. (웃음)

강양구 곧바로 빅 브라더가 연상이 되니까요. (웃음)

채승병 맞습니다. 빅 데이터를 놓고 얘기를 나누는 회의에 가면 만날 부딪치는 문제

가 바로 프라이버시입니다. 빅 데이터가 어마어마한 인권 침해의 소지가 있다고 걱정하는 사람이 한둘이 아니죠. 그리고 이들은 굉장히 빽빽한 규제의 필요성을 강조합니다. 실제로 빅 데이터에는 그런 프라이버시 침해 위험이 분명히 있습니다.

영국 같은 경우는 세계에서 가장 CCTV가 많은 나라잖아요. 더구나 요즘엔 CCTV 해상도도 아주 좋습니다. 영국 경찰청에서 이런 CCTV 정보를 어떻게 활용하겠어요? CCTV의 동영상 데이터를 안면 인식(facial recognition) 기술과 접목시키면, 할리우드 영화 「마이너리티 리포트」(2002년)에 나오는 것처럼 범죄자의 위치를 실시간으로 확인할 수 있죠. 뉴욕 경찰청도 마이크로소프트와 손잡고 같은 일을 시작했고요.

이러니 빅 데이터가 무시무시한 경찰 국가의 출현을 예고하는 게 아닌가 하는 의혹이 생길 수밖에 없습니다. 이런 우려는 당연히 충분히 공론화가 되어야 한다고 생각합니다. 하지만 그런 해악만 강조하는 건 바람직하지 않아요. 어떤 새로운 과학 기술이 등장하면 항상 그것의 위험에 대한 경고가 있었죠. 인류는 그 위험을 최소화하면서 과학 기술의 발전을 도모해 왔습니다.

이런 관점에서 빅 데이터를 디지털 시대의 석유로 비유해 보고 싶어요. 석유가 발견되자마자 가장 먼저 일상생활에서 쓰인 건 휘발유였어요. 그런데 그 휘발유를 처음에는 세탁용 세제로 사용했습니다. 휘발유를 붓고 한창 옷의 때를 지우는데 근처에 촛불이 있으면 무슨 일이 생기겠어요. 휘발유가 펑 터져서 집안이 쑥대밭이 되는 사고가 빈발했습니다.

당연히 휘발유의 위험을 경고하는 뉴스도 많았어요. 만약 그때 휘발유의 위험만 강조하면서 석유 정제를 법으로 금지했으면 어떻게 되었을까요? 석유 시대는 한참 뒤로 늦춰졌을 겁니다. 하지만 인류는 휘발유의 폭발력을 내연 기관에 활용할 생각을 했고, 결국에는 자동차로 대표되는 석유 시대를 열었지요.

김상욱 지금 빅 데이터를 둘러싼 상황이 촛불 때문에 휘발유가 폭발한 그 순

간과 비슷하군요. 아닌가, 지금은 아직 휘발유로 빨래를 하는 중인가요? (웃음)

채승병 그렇지요. 아직 빅 데이터가 낳는 여러 가지 문제를 느끼지 못하는 상황입니다. 하지만 조만간 빅 데이터의 문제가 여기저기서 '펑' 터질 거예요. (웃음)

김상욱 앞에서 빅 데이터와 프라이버시를 둘러싼 얘기를 했잖아요. 그런데 사실 빅 데이터를 둘러싼 더 중요한 문제는 지금 정보가 돈과 연결되는 거죠. 페이스북을 열심히 하면서 가끔씩 언짢은 기분이 듭니다. 물론 내가 좋아서 페이스북을 이용하는 거지만, 정작 그 플랫폼을 제공하는 기업은 엄청난 돈을 벌잖아요.

그 기업이 그런 돈을 벌게 해 주는 건 바로 저와 같은 이용자(소비자)들입니다. 그런데 정작 우리가 그 기업으로부터 받는 대가는 적습니다. 우리는 프라이버시 침해까지 무릅쓰고 그 기업의 돈벌이를 위해서 소중한 정보를 제공하는데, 그 기업은 과연 우리에게 무엇을 해 주는지 물어야 한다는 거예요.

강양구 구글이나 페이스북은 이렇게 얘기하겠죠. "우리가 너와 친구들이 커뮤니케이션할 수 있도록 인터넷 공간도 주고, 이메일도 공짜로 쓸 수 있게 해 주잖아!"

김상욱 그러니까, 그게 정당한 대가인지 물어야죠. 더 심각한 문제는 자신의 소중한 데이터를 제공하는 대다수가 그런 인식조차 하지 않는 거죠.

채승병 그런 점에서 빅 데이터 그리고 더 나아가 데이터 자원을 둘러싼 본격적인 사회적 논의가 필요합니다. 아까 빅 데이터는 일종의 거스를 수 없는 흐름이라고 얘기했어요. 그렇다면, 이제는 빅 데이터의 부작용을 걱정하면서 금지를 논할 게 아니라, 그것을 사익이 아닌 공익을 위해서 활용하는 방안을 적극적으로 고민해야 할 것 같아요.

사실 우리가 빅 브라더를 두려워하는 중요한 이유는 구글과 같은 기업이 빅 데이터와 같은 정보를 독점하고 있기 때문이잖아요. 그런데 빅 데이터가 꼭 사익을 증진시키는 데만 쓰일 이유는 없습니다. 만약 그 빅 데이터를 공유할 수 있다면, 공익을 위해서도 충분히 쓰일 수 있거든요. 한 가지 예를 들어 볼게요.

2013년에는 돼지고기 값이 폭락해서 양돈 농가가 시름이 많았죠. 주기적으로 돼지 파동, 마늘 파동, 배추 파동 등이 끊이지 않죠. 그런데 이런 온갖 파동이 반복되는 중요한 이유는 바로 정보의 부재 때문이에요. 만약 양돈 농가가 시설을 늘리고 돼지를 구매할 때, 누군가 이 돼지고기가 출하될 때의 시장 상황을 예측해 준다면 상황이 이 지경까지 되지는 않겠죠.

예전에는 그런 예측 자체가 불가능했어요. 하지만 지금은 전국의 양돈 규모와 돼지 거래를 실시간으로 확인하는 게 기술적으로 충분히 가능합니다. 그렇다면, 정부가 그런 데이터를 이용해서 1년, 2년 후의 돼지 시세를 예측하는 것도 가능하죠. 이런 게 시행된다면, 빅 데이터가 국민 경제와 양돈 농가를 위해서 유익하게 사용될 수 있지요.

이제 관점의 전환이 필요합니다. 지금은 빅 데이터를 모으고 관리할 수 있는 기업이 구글, 애플, 아마존 등 소수에 불과합니다. 그러니 빅 데이터가 무서운 거예요. 하지만 정부 혹은 시민 사회가 주도해서 빅 데이터를 모으고 관리할 수 있다면, 오히려 빅 데이터는 데이터 정보에 대한 자기 결정권을 확장할 수 있습니다.

강양구 얼른 용어를 만들어 보자면, 빅 데이터가 '데이터 민주주의'를 확장, 심화하는 도구로도 사용될 수 있다는 거네요. 그러고 보니, 국내 기업의 형편은 어떻습니까?

채승병 국내 기업은 구글, 애플, 아마존 등과 비교했을 때 데이터 정보의 중요성을 뒤늦게 깨달았습니다. 실제로 소중한 데이터 정보를 버린 경우도 많아요. 사실 웹 서버를 운영하다 보면, 하드 디스크의 용량이 모자라서 제일 먼저 버리는 게 회원들 접속 정보였잖아요. 그런 걸 차곡차곡 쌓아 놓으면, 그게 바로 정말 활용 가능성이 무궁무진한 빅 데이터인데요. (웃음)

디지털 정보의 영속성 vs. 잊혀질 권리

강양구 기왕에 데이터 정보 얘기가 나왔으니, 그 얘기를 좀 더 해 보죠. 지금 영국 케임브리지 대학교에서는 찰스 다윈이 평생 주고받은 편지 약 1만 4000통을 모조리 모으는 프로젝트를 진행 중입니다. 그런데 이 프로젝트가 가능했던 중요한 이유 중 하나는 다윈이 받은 편지뿐만 아니라 자신이 보낸 편지의 사본을 대부분 필사해서 남겨 놓았기 때문이죠. (웃음)

그런데 한 100년 후에 여기 있는 이명현, 김상욱, 채승병 선생님께서 이메일로 주고받은 편지를 누군가가 모으는 일이 가능할까요? 방금 얘기한 저장 용량의 한계 또 디지털 정보를 소홀히 여기는 태도 등 여러 가지 이유 때문에 우리는 일상생활에서 너무 쉽게 소중한 정보를 삭제합니다.

더구나 과거에 '나우누리'나 '프리첼' 폐쇄를 둘러싼 난리법석에서 확인했듯이, 인터넷 공간에서 우리가 축적하는 정보의 영속성을 보장받을 수 있을지도 의문입니다. 수년 길게는 10년 이상 쌓여 온 정보가 서비스 제공 기업의 결정에 따라서 순식간에 공중 분해될 수 있는 게 지금 우리의 인터넷 환경이거든요.

채승병 반대의 경향도 있지요. 유럽 연합(EU)은 지난 2012년 1월 25일 '잊혀질 권리(right to be forgotten)'를 명문화한 정보 보호법 개정안을 확정했어요. 잊혀질 권리는 온라인상 개인 정보의 삭제를 요구할 수 있는 권리입니다. 회원의 정보를 이용해서 끊임없이 빅 데이터를 축적해야 하는 구글 같은 기업은 발끈하고 있고요.

어려운 문제입니다. 일단 정보의 삭제는 불가피한 부분이 있어요. 저장 용량의 기술적 한계 때문에 마냥 쌓아 놓을 수는 없거든요. 그 과정에서 개인의 소중한 정보를 어떻게 보존할지가 큰 문제가 될 거예요. 그중 어떤 정보는 개인 차원을 넘어서 이미 공공자산이 된 것일 수도 있고요.

반면에 잊혀질 권리에서 나타난 것처럼 개인의 프라이버시 문제도 중요합니다. 기업 혹은 사회 입장에서 아무리 중요한 정보라고 하더라도, 개인이 원하지 않는다면 영구적으로 삭제할 수도 있어야죠. 프라이버시 침해나 사이버 폭력이 심각해질수록 이런 권리에 대한 관심이 높아질 거예요. EU의 정보 보호법 개정안은 그런 흐름이 가능하도록 물꼬를 튼 거죠.

저는 어떤 방향이 옳은지 아직 입장을 정하지 못했어요. 다만 디지털 정보가 중요해진 시대에 맞는 새로운 교육의 필요성을 강조하고 싶습니다. 빅 데이터를 비롯한 디지털 정보가 사회의 미래는 물론이고 개인의 미래에도 큰 영향을 미칠 수 있다는 내용을 이제는 어른, 아이를 불문하고 가르치고 토론해야 합니다.

단적인 예를 하나 들까요? 기업이 인사 관리를 하면서 트위터, 페이스북 등을 샅샅이 뒤지고 있어요. 특히 미국의 기업은 이미 채용 결정을 할 때 트위터, 페이스북 등의 정보를 중요하게 고려합니다. 왜냐하면, 개인의 사생활을 엿보면 이 사람이 노닥거릴 사람인지 혹은 술을 좋아해서 얼마 못 가 나자빠질 사람인지 등을 미리 확인하는 게 가능하거든요.

지금 우리 자신의 행동 하나하나가 어딘가에 데이터로 기록되고, 그것이 이런 식으로 혹은 저런 식으로 이용될 수 있다는 가능성을 알아야 합니다. 법으로 보장을 받을 수 있는 부분 또 개인이 편익과 위험을 감수하고 선택해야 할 부분이 정확히 무엇인지 판단할 수도 있어야 하고요. 그 과정에서 자연스럽게 데이터 정보의 밝은 면과 어두운 면도 확인할 수 있겠죠.

요즘 인사 청문회에 나와서 낭패를 당하는 이들을 보세요. 과거에 당연시되었던 재테크가 지금은 심각한 문제가 되어서 자신의 앞길을 가로막잖아요. 이처럼 지금의 방만한 데이터 관리가 미래에 심각한 문제로 되돌아올 수도 있다는 사실, 그리고 그 과정에서 분명히 자신이 생산한 정보인데도 자기가 통제할 수 없는 경우가 생길 수도 있다는 사실 등을 알아야죠.

강양구 디지털 시대 혹은 빅 데이터 시대의 새로운 라이프스타일에 대한 교육이 필요한 시점이군요.

이명현 이미 그런 시대가 왔어요. 이제 오웰이 『1984』에서 경고했던 빅 브라더를 우려하는 단계는 지난 것 같아요. 굳이 이름을 붙이자면, '디지털 좌파' 혹은 '빅 데이터 좌파' 같은 흐름이 필요할지도 모르겠어요. 디지털 시대의 큰 흐름인 빅 데이터와 같은 것을 무작정 거부하는 게 아니라 그걸 어떻게 공적으로 활용할 수 있을지 적극적으로 고민하는 이들이요.

빅 데이터, 우주를 꿈꾸다

채승병 마지막으로 데이터의 중요성을 한 번만 더 강조하고 싶습니다. 물리학자로서 과학 혁명이 시작된 시점을 따져 보면, 바로 데이터가 있었거든요. 튀코 브라헤가 엄청난 데이터를 수집하고 요하네스 케플러가 그것을 '케플러의 법칙'으로 공식화하면서 바로 근대 과학 혁명이 시작되었잖아요.

우리나라나 중국에서는 감으로 만들던 도자기를 독일 작센 주 마이센의 장인들은 구체적인 데이터를 바탕으로 만들었어요. 철분을 비롯한 성분을 얼마씩 배합하느냐에 따라서 가장 멋진 백자가 나오는지를 데이터로 남긴 겁니다. 그런 데이터의 힘 때문에 마이센의 장인은 도자기의 산업화에 성공했습니다.

우리가 데이터를 어떻게 취급하고 어떤 통찰을 얻느냐에 따라서 미래가 바뀔 수도 있다는 겁니다. 최근에 정부에서 빅 데이터를 주제로 자문에 응할 기회가 있었어요. 그때도 이런 얘기를 했습니다. 당장 눈에 보이는 사업도 중요하지만, 사실은 이런 데이터에 대한 관심이야말로 결정적인 차이를 낳을 수 있다고요. (웃음)

김상욱 여기에 도저히 규칙이라고는 없는 숫자의 나열이 있어요. 대다수의 사람에게 그 숫자는 아무런 의미가 없죠. 하지만 사실 그 숫자는 파이(원주율, 3.1415926535……)의 1500만 번째부터의 숫자입니다. 그 숫자가 파이의 한 부분이라는 정보를 알고 있는 사람은 컴퓨터 명령어 한 줄로 구현할 수 있어요.

규칙 없는 숫자의 나열이 어떤 이에게는 굉장히 가치 있는 정보인 거죠. 과학자를 비롯해서 기존에 데이터를 다루는 이들은 바로 이 가치의 문제를 해결하지 못했어요. 가치는 지극히 맥락 의존적인 것이라서, 주관적일 수밖에 없거든요. 그런데 지금 빅 데이터를 둘러싼 여러 가지 시도는 바로 이런 정보의 가치를 다루는 새로운 접근으로 보입니다.

지금은 주로 비즈니스 현장에서 빅 데이터가 다뤄지지만, 그 과정에서 쌓인 여러 가지 통찰이 과학 더 나아가 사회의 여러 문제를 해결하는 데 새로운 돌파구를 마련할 수도 있을 것 같아요. 그러고 보면, 정작 물리학의 최전선은 강의실이나 실험실이 아니라 바로 빅 데이터를 놓고서 갑론을박하는 저잣거리, 즉 비즈니스 현장 같은 곳일지도 모르겠습니다.

채승병 그렇게 얘기해 주시니 고맙습니다. (웃음)

김상욱 그런데 데이터가 곧 정보잖아요. 오늘 과학 수다를 준비하면서 몇 가지 숫자를 적어 왔어요. 한 인간의 유전체 정보가 200테라바이트라고 합니다. 0이 14개 붙은 10의 14제곱 바이트입니다. 그런데 이것도 큰 게 아닌 게 아까도 잠시 언급했지만 세른의 LHC는 2010년에만 무려 13페타바이트의 데이터가 나왔어요. 10의 16제곱 바이트죠.

그럼, 우주에 있는 모든 정보를 모조리 모아 보면 어떻게 될까요?

이명현 궁극의 빅 데이터요? (웃음)

김상욱 세스 로이드가 『프로그래밍 유니버스』(오상철 옮김, 지호, 2007년)에서 비슷한 시도를 했어요. '우주의 모든 가용한 자원을 총동원해서 만들 수 있는 가장 강력한 컴퓨터가 무엇일까?' 이런 질문에 답해 본 거예요. 로이드가 추산한 결과를 보면, 현재 예상되는 우주의 전체 에너지는 10의 71제곱 줄(J)입니다.

이런 에너지로 나올 수 있는 컴퓨터는 매초 10의 105제곱의 연산을 수행할 수 있어요. 구글이 원래 회사 이름을 10의 100제곱을 가리키는 '구골(Googol)'로 하려다 실수로 잘못 등록하는 바람에 구글이 되었다고 하잖아요? 그러니까 구글이 꿈꿨던 10의 100제곱보다 0이 5개가 더 붙는 게 우주에서 궁극적으로 가능한 연산 속도라는 거예요.

우주의 역사가 약 137억 년이니까, 우주가 탄생한 이래로 이 컴퓨터가 해 온 연산은 약 10의 122제곱에 불과합니다. 그렇다면, 이런 컴퓨터가 저장할 수 있는 메모리의 한계는 얼마나 될까요? 역시 계산을 해 보면 10의 92제곱 비트가 나옵니다. 그러니까 궁극의 우주 컴퓨터는 10의 92제곱 비트에다 10의 122제곱 연산을 수행할 수 있어요.

상상할 수 없을 정도로 큰 숫자지만, 한편으로는 '이게 전부야?' 하는 생각도 듭니다. 지금 우리의 빅 데이터가 10의 20제곱 비트 정도인데, 우주의 한계가 10의 93제곱 비트 정도라는 거예요. 만약 우리의 빅 데이터가 계속 축적된다면, 어쩌면 그 자체가 우주가 될지도 모릅니다. (웃음)

강양구 아이작 아시모프가 1956년에 쓴 단편 소설 중에 「최후의 질문(The Last Question)」이 있잖아요. 이 소설에서 바로 그런 이야기가 나오죠. 이 소설에서 아시모프가 '멀티백'이라고 부른 컴퓨터가 바로 '구글' 같아요.

김상욱 네, 이번 수다는 그 이야기로 마무리하면 어떨까요? (웃음) 소설의 일부를 좀 인용해 보겠습니다.

> 2061년, 이야기의 초반에 컴퓨터 멀티백을 조작하는 루포브와 아델은 우주의 미래를 두고 논쟁을 벌이고, 인류가 지금부터 100억 년 뒤까지, 모든 별이 타서 꺼졌을 때까지 살 수 있을지 컴퓨터에게 물어보기로 결정했다. 루포브는 말한다.
>
> "모든 것은 최초의 우주 폭발에서 시작했어. 그리고 모든 별들이 수명을 다했을 때 모든 것이 끝나는 거야. 1조 년 후에는 모든 것이 어둠 속에 잠길 테지. 엔트로피는 최대로 증가해야 할 것이고. 그럼 끝이야……."
>
> 이제 아델이 반박할 차례였다.
>
> "어쩌면 우리가 언젠가 다시 물체를 만들 수 있을 거야."
>
> "결코 아니야."
>
> "왜 안 돼? 언젠가는 가능할 거야."
>
> "절대 안 돼."
>
> "좋아. 그럼 멀티백에게 물어보자."

아델은 그런 질문을 시도할 정도로 충분히 취해 있었고, 질문을 필요한 기호와 연산으로 바꾸어 입력할 수 있을 만큼은 정신이 맑았다. 그 질문은 말로 하면 다음과 같았다. '인류가 어느 날 에너지의 순수한 소비 없이 늙어 죽은 태양을 젊은 상태로 되돌릴 수 있을까?' 혹은 아마도 다음과 같이 단순하게 입력되었을 것이다. '어떻게 하면 우주의 엔트로피 총량을 대량으로 줄일 수 있을까?'

멀티백은 죽은 듯 조용해졌다. 천천히 반짝이던 불빛이 멈추었다. 딸깍거리는 희미한 소리도 끝났다. 겁먹은 엔지니어들이 더 이상 참을 수 없게 됐을 때, 멀티백에 부착된 텔레타이프가 활발히 작동하기 시작했다. 다섯 단어가 인쇄되었다.

"데이터 부족. 유효한 대답 불가능."

이야기에서 시간은 흘러갔다. 인류는 은하와 다른 은하를 개척해 나갔고, 불멸을 획득했다(어쨌든 과학 소설이다.). 멀티백의 후속 버전은 더욱 강력해져, 마침내 우주의 모든 구조에 퍼져 갔다. 인류는 계속하여 어떻게 열역학 제2법칙을 되돌릴 수 있는지 변형된 질문을 컴퓨터에게 물었다. 그리고 모든 답은 같았다.

마침내 인류의 모든 지식이 다른 모든 것과 함께 멀티백에 흡수되었을 때, 컴퓨터는 답을 계산했고 말했다.

"빛이 있으라!" (『프로그래밍 유니버스』, 210~212쪽)

누가 감시자를 감시할 것인가?

2013년 6월 6일, 《가디언》은 충격적인 사실을 폭로했습니다. 미국 국가 안보국(NSA)이 전 세계를 상대로 무차별적인 사생활 감시를 해 왔다고 말이죠. 이런 사실은 미국 중앙 정보국(CIA)과 NSA 등에서 일했던 에드워드 스노든이 NSA의 비밀문서를 《가디언》에 전달하면서 세상에 알려지게 되었습니다.

미국 정보 기관의 영장 없는 불법 정보 수집은 어제오늘 일이 아닙니다. 하지만 스노든이 폭로한 실상은 훨씬 끔찍했습니다. '프리즘(PRISM, Planning tool for Resource Integration, Synchronization and Management)'이라고 불린 NSA의 시스템은 개인의 접속 정보, 이메일은 물론이고 영상, 사진, 음성, 파일 등 거의 모든 온라인 활동을 수집했습니다.

프리즘이 2007년부터 수집한 정보는 전 세계인의 온라인 사생활에 기반을 둔 엄청난 양의 빅 데이터입니다. 더 놀라운 사실은 이런 데이터가 '마이크로소프트'(2007년 9월~), '구글'(2009년 1월~), '페이스북'(2009년 6월~), '애플'(2012년 10월~) 등을 통해 수집되었다는 것이죠. (프리즘이 이런 정보를 어떻게 수집했는지, 그 실체는 여전히 밝혀지지 않고 있습니다.)

이런 현실을 보고서 미코 히포넨(Mikko Hypponen) 같은 이는 "빅 브라더를 예언했던 『1984』의 조지 오웰은 차라리 낙관주의자"였다고 탄식합니다. 인터넷과 모바일이 개인의 일거수일투족을 빅 데이터로 남기는 상황에서 국가든 기업이든 마음만 먹으면 이를 감시하는 게 가능하다는 걸 적나라하게 보여 준 셈이니까요.

이런 난리법석 속에서도 빅 데이터의 가능성은 계속해서 주목받고 있습니다. 예를 들어, 뉴욕 시 보건 당국은 식중독을 추적하고자 미국에서 가장 큰 온라인 입소문 사이트 '옐프(Yelp)'와 손을 잡았습니다. 옐프는 미국에 있는 대부분의 식당(과 각종 편의 시설)을 검색하고, 평가를 올릴 수 있는 사이트입니다. 옐프에는 미국의 온갖 입소문이 망라된 빅 데이터가 존재하죠.

뉴욕 시 보건 당국은 2012년 7월부터 2013년 3월 사이 옐프에 올라온 뉴욕 소재 식당에 대한 29만 4000개의 평가를 분석했습니다. 그리고 이중 468개에서 식중독과 관련된 내용이 포함된 사실을 확인했죠. 놀랍게도, 이 중에는 보건 당국이 미처 파악하지 못한 3건의 집단 식중독도 포함되어 있었습니다.

이들은 옐프의 데이터를 통해서 식중독을 유발한 식당의 어떤 음식이 문제였는지도 추적했습니다. 그리고 해당 식당에 식중독의 원인일 가능성이 큰 식자재를 알리거나, 냉장 시설이나 위생 상태 점검을 권유했죠. 옐프의 빅 데이터로 식중독의 발병을 추적했을 뿐만 아니라, 그 예방에도 기여한 셈입니다.

사실 이런 시도는 새로운 것이 아닙니다. 구글은 2008년부터 '독감 트렌드(Flu Trends)' 서비스를 통해서 사람들이 독감에 걸렸을 때 검색하는 약 40개의 단어로 독감의 발병을 추적해 왔었죠. 특정 시기, 특정 지역에서 갑자기 "독감"이나 그 증상에 해당하는 검색어가 많아지면 그곳에서 독감이 발병했을 가능성을 의심해 보자는 것이죠.

물론 검색어에 의존하는 이 서비스가 독감의 발병을 정확히 추적할 수 있을지를 놓고서 회의적인 시선도 있습니다. 하지만 빅 데이터에 기반을 둔 이런 서비스가 세계 보건 기구(WHO)를 비롯한 보건 당국의 전염병 경보 시스템과 결합할 경우, 아주 긍정적인 효과를 낳을 가능성을 인정하는 데 인색할 필요는 없어 보입니다.

빅 데이터를 둘러싼 이런 복잡한 풍경은 우리를 고민에 빠트립니다. 앞으로도 공익("미국의 안보"같은 게 있겠죠.)을 핑계로 국가가 빅 브라더가 되려는 시도는 끊임없이 계속될 것입니다. 여기에 사익을 위해서 자신이 소유한 빅 데이터를 이용하려는 기업의 시도도 겹치겠죠. 온라인의 수많은 개인 정보를 21세기 노다지 취급하며 돈 벌 궁리하는 이들이 벌써 한둘이 아니니까요.

이런 상황에서 우리가 생산한 빅 데이터를 어떻게 통제하고, 좀 더 나은 세상을 위해서 이용할 수 있을까요? 오래된 질문이 있습니다.

누가 감시자를 감시할 것인가(Quis custodiet ipsos custodes)?

어쩌면 우리는 이미 늦었는지도 모르겠습니다. 우리가 감시자를 인정하는 순간, 그들을 통제하는 건 거의 불가능에 가까울 정도로 어려운 일이니까요.

중성미자

빛보다 빠른 물질을 찾아서

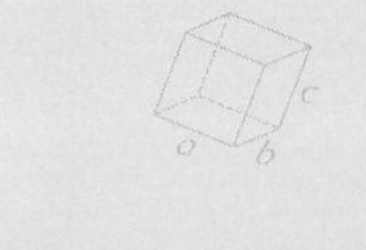

이강영
경상 대학교
물리 교육과 교수

이종필
건국 대학교
상허 교양 대학 교수

박상준
서울 SF아카이브
대표

이명현
과학 저술가 /
천문학자

강양구
지식 큐레이터

아인슈타인의 '상대성 이론' 이후 100여 년 동안 절대 진리로 여겨졌던 '빛보다 빠른 물질은 없다.'는 전제가 폐기될 위기에 처했다. 유럽 입자 물리 연구소(세른)가 3년간의 실험 결과 '중성미자'가 빛보다 더 빠른 것으로 나타났다고 발표했기 때문이다. (《한겨레》 2011년 9월 24일자)

이번 세른의 발표가 맞는다면 현대 물리학은 전면 다시 써야 한다. …… 시간 여행이 가능한 '타임머신'의 제작 가능성을 제시한 것이어서 과학계는 물론 일반인들도 이번 발표 결과를 주목하고 있다. 아인슈타인의 상대성 이론에 따르면 타임머신의 제작은 불가능하다. (《조선일보》 2011년 9월 24일자)

2011년 9월 24일 전 세계 주요 언론은 한목소리로 "빛보다 빠른 물질이 있다.", "시간 여행이 가능하다." 등의 소식을 전했습니다. 스위스 제네바 근처의 유럽 입자 물리 연구소(세른, CERN)에서 약 730킬로미터 떨어진 이탈리아 그란사소까지 중성미자(뉴트리노, neutrino)를 쏘아 속도를 측정한 결과, 빛보다 약 1억분의 6(60나노)초 빠른 것으로 나타났기 때문이었죠.

이런 실험 결과를 발표한 오페라(OPERA, The Oscillation Project with Emulsion-tRacking Apparatus)는 전 세계 11개국 과학자들이 공동으로 중성미자의 특징을 규명하는 연구 프로젝트를 진행하고 있는 팀입니다. 이들은 2008년부터 3년간 세른에서 중성미자를 쏴서 그란사소에 있는 오페라 검출기에서 확인하는 실험을 진행 중이었죠.

오페라의 발표가 나오자마자 과학계는 충격에 빠졌습니다. 이 발표와 관련해 한 달 만에 약 110편의 논문이 발표된 것은 그 단적인 증거죠. 하지만 결국 이 발표는 6개월 만에 해프닝으로 밝혀졌습니다. 오페라는 2012년 2월 23일, 중성미자의 속도 측정에 영향을 줬을 두 가지 오류를 밝힙니다. 그리고 같은 해 6월 8일, 중성미자의 속도 측정 오류를 인정하죠.

오페라가 밝힌 오류에 과학자들은 헛웃음을 터뜨렸습니다. 시간 정보를 수신하는 장치에 연결한 광섬유의 접촉 불량으로 속도 측정에 오류가 생기면서 중성미자가 빛보다 좀 더 빠른 것으로 나왔으니까요. 그나마 또 다른 오류가 중성미자의 속도를 늦춰서 최종 속도를 상쇄시키지 않았다면, 애초 발표보다 중성미자의 속도는 좀 더 빠른 것이 되었을 거예요.

비록 해프닝으로 끝났지만, 빛보다 빠른 입자를 둘러싼 이 논란이 던진 질문은 여전히 유효합니다. 빛보다 빠른 입자가 왜 이렇게 문제가 된 것일까요? 빛보다 빠른 입자가 확인된다면 우리에게는 어떤 영향을 미칠까요? 그럼, 아인슈타인의 상대성 이론은 틀렸을까요? 빛보다 빠른 입자는 진짜로 시간 여행을 가능하게 해 줄까요?

이런 질문에 답하고자 발표 한 달 후인 2011년 10월 26일, 물리학자 이강영 경상대학교 교수, 이종필 박사, 그리고 천문학자 이명현 박사, SF 평론가 박상준 SF 아카이브 대표가 만났습니다. 회의와 설렘이 교차하던, 모든 것이 불확실하던 그 시점의 분위기를 직접 느껴 보세요.

빛보다 빠른 입자? 중성미자?

이명현 이 자리는 지금 과학자들이 무엇 때문에 밤잠을 설치는지 궁금한 이들을 위해서 마련이 되었습니다. 중성미자가 빛보다 빠르다, 이런 발표가 나온 지 벌써 한 달이 지났어요. 과학계, 특히 물리학계의 분위기가 남달랐을 것 같습니다. 특히 직접 관계가 있는 입자 물리학자들은 말 그대로 밤잠을 설치지 않았나요?

이종필 난리가 아니에요. 한 달 새 논문만 약 110편이 나왔습니다. 너무 많은 논문이 쏟아지고 있어서 직접 관련이 있는 입자 물리학자들도 논의를 다 따라가지 못하는 상황이에요. 다만 지금은 초기의 흥분 상태는 가라앉았습니다. 이제는 차분히 검증을 하자, 이런 분위기라고나 할까요?

강양구 우선 도대체 세른과 이탈리아 그란사소에서 무슨 일이 있었는지부터 한 번 살펴보죠. 이번에 자주 오르내리는 중성미자가 뭔지, 그것부터 짚고 넘어가요.

이강영 20세기 들어서 과학자들은 흔히 물질의 최소 단위로 생각하는 원자가 양성자, 중성자, 전자로 이루어졌다는 것을 알았어요. 그런데 바로 이 양성자, 중성자를 구성하는 또 다른 입자가 있다는 사실도 확인이 되었죠. 그것이 쿼크와 글루온입니다. 그리고 전자와 관계가 있는 뮤온이나 중성미자 같은 입자들도 있지요. 과학자들은 이것을 소립자(素粒子) 혹은 기본 입자(elementary particle)라고 부릅니다. 중성미자도 바로 그 기본 입자 중 하나에요.

중성미자의 아버지는 20세기의 천재 물리학자 볼프강 파울리(1900~1958년)입니다. 파울리가 1930년에 이론적으로 이것의 존재 가능성을 예측했어요. 또 다른 위대한 물리학자 엔리코 페르미가 1933년에 이름을 붙였고요. 그리고 1956년에 그 존재가 실제로 확인이 되었습니다. 그러니까 인류가 중성미자의 존재를 실제로 확인한 지는 반세기 이상이 된 것이지요.

강양구 반세기나 지났으면 중성미자의 정체는 어느 정도 규명이 되었겠군요.

이강영 아니요. 이것이 독특해요. 기본 입자 중에는 전기를 띠는 것과 그렇지 않은 것이 있습니다. 마치 원자를 구성하는 양성자와 전자가 각각 플러스, 마이너스 전기를 띠지만 중성자는 그렇지 않은 것처럼. '중성미자(neutrino)'라는 명칭도 중성자(neutron)의 'neutr-'에 '가볍다.'는 뜻의 이탈리아식 어미 '-ino'를 붙인 것입니다.

전기를 띠지 않으니 일단 잡아 둘 수가 없습니다. 더구나 웬만한 것은 방해를 받지 않고 통과해요. 지구 6개를 놓고 중성미자를 쏴도 통과한다고 하니, 말 다 했죠. 지금 이 순간에도 수다를 떨고 있는 우리 몸을 수많은 중성미자가 통과하고 있을 거예요. 그래서 확인이 된 지 반세기가 지났지만 여전히 그 정체를 잘 몰라요.

박상준 그럼, 중성미자의 존재는 어떻게 확인하나요?

이강영 중성미자는 전기를 띠지 않기 때문에 직접 검출할 수는 없어요. 대신에 중성미자가 물질 속에 있는 전자나 원자핵 등과 충돌을 하면 전기를 띠고 있는 전자나 원자핵이 움직이기 때문에 전자기파가 나옵니다. 이 전자기파로 확인할 수밖에 없어요. 그나마 이런 중성미자의 충돌은 아주 드물게 일어나서 그것을 관찰하기가 쉽지 않습니다.

이명현 여기서 일본의 '가미오칸데'를 소개해 볼게요. 이 시설은 지하 1,000미터의 폐광에 5,000톤의 물을 채워 입자를 검출하는 장치입니다. 일본의 물리학자 고시바 마사토시가 이 장치로 1987년 2월 23일에 세계 최초로 초신성에서 나온 중성미자를 검출했죠. 그는 이 발견으로 2002년에 노벨 물리학상을 받았습니다.

그런데 고시바의 이 발견은 행운이었죠. 왜냐하면, 이 장치는 원래 양성자가 중성자로 붕괴할 때 나오는 입자들을 검출하려는 목적으로 설치한 것이었어요. 그런데 운이 좋게도 그 관찰하기 어려운 중성미자를 발견한 겁니다. 그러고 보니, 중성미자를 둘러싼 재미있는 얘깃거리가 또 있네요. 고시바의 제자 중에 도쓰카 요지(1942~2008년)가 있습니다.

이강영 여기서 잠깐! (웃음) 도쓰카 얘기가 나왔으니 이 얘기부터 먼저 할게요. 이번 오페라 실험은 애초 중성미자 속도 측정이 목적이 아니었습니다.

중성미자에는 전자 중성미자, 뮤온 중성미자, 타우 중성미자 이렇게 세 종류가 있습니다. 그런데 흥미롭게도 이 세 종류는 서로 변환해요. 세른에서 쏠 때는 탁구공이었는데, 약 730킬로미터 떨어진 이탈리아 그란사소에서는 골프공이 관찰되는 거예요. 이걸 중성미자 '진동(oscillation)'이라고 하는데, 중성미자가 질량이 있다는 결정적 증거입니다.

왜냐하면, 세 가지 종류의 중성미자를 구별하는 결정적인 특징이 바로 서로 다른 질량이거든요. 이번 실험은 세른의 가속기에서 나온 뮤온 중성미자(탁구공)가 그란사소 검출기에서 타우 중성미자(골프공)로 바뀌는 현상을 관찰하는 실험이었어요. 도쓰카는 가미오칸데를 계승한 슈퍼 가미오칸데를 이끌며 바로 이런 사실을 밝혔죠.

이명현 노벨상 수상이 확실했는데, 안타깝게도 2008년 대장암으로 세상을 떴죠.

이강영 네, 안타까운 일이었죠. 도쓰가가 죽기 직전에 자신이 운영하던 블로그에 쓴 글을 사후에 묶은 『과학의 척도』(송태욱 옮김, 꾸리에, 2009년)가 있어요. 이 책을 읽어 보면, 중성미자를 비롯한 기본 입자 연구에 대해서 더 자세히 알 수 있을 뿐만 아니라, 자연의 신비를 파헤치는 과학자의 열정을 고스란히 느낄 수 있을 거예요.

다시 오페라 실험 얘기로 돌아가죠. 세른에서 20년 가까이 이 중성미자 변환 실험을 해 왔는데 뾰족한 결과를 얻지 못했어요. 그래서 중성미자가 변환할 수 있는 충분한 거리를 확보하고자 3년 전부터 세른에서 약 730킬로미터 떨어진 그란사소로 뮤온 중성미자를 쏘아서 타우 중성미자가 검출되는지 확인하는 이 실험이 여러 나라의 공동 연구로 진행된 것입니다.

중성미자는 검출이 어려우니까 오랫동안 실험을 할 수밖에 없었고요. 수천 억 개의 중성미자를 쏴서 보내도 그중에서 1~2개가 검출이 될까 말까 합니다. 3년 동안 그란사소의 오페라 검출기에서 총 1만 6000개가 확인이 되었다고 하니, 실제로 세른에서는 수조 개의 중성미자를 쐈을 거예요.

그러다 중성미자의 속도를 측정해 보니, 빛보다 60나노초, 그러니까 1억분의 6초 빨리 도착했다는 결과가 나온 것입니다.

충격 그 이후

이명현 이전에는 중성미자의 속도를 측정한 실험이 없었나요?

이강영 중성미자는 가장 가벼운 기본 입자인 전자보다도 100만분의 1 이하로 가벼워요. 그러니 거의 빛의 속도로 움직인다는 사실은 이전에도 알았어요. 이전에도 중성미자가 빛보다 10^{-19}, 그러니까 1000경분의 1 정도 속도가 느리다고 이론적으로 계산해 놓았지요.

박상준 그러니까 애초에 빛의 속도와 거의 비슷할 거라고 계산을 해 놓았었는데, 실제로 측정을 해 보니 빛의 속도보다 빨라서 이렇게 논란이 된 거군요. 과학계의 반응은 어떤가요?

이강영 크게 두 종류의 반응이 있는 것 같아요. 첫째 "그럴 리가!" 하는 반응입니다. 이들은 혹시 오페라 팀이 미처 확인하지 못한 오차를 낳은 요인이 없는지 집요하게 따져 묻고 있어요. 너무 세부적인 부분까지 파고들고 있어서 직간접적으로 그 실험에 참여했던 과학자가 아닐까 짐작이 됩니다.

실제로 이 실험 결과를 발표할 때, 실험에 참여한 몇몇은 결과를 인정하지 않고 자기 이름을 빼 달라고 했대요. (웃음) 이 실험에는 한 170명 정도가 참여했는데 그중에 10명 정도는 아예 이름이 빠졌어요. 이름이 실린 과학자 중에도 상당수는 발표가 '경솔했다.' 이런 입장이라고 알고 있고요.

그리고 지금 이 실험 결과가 실린 논문은 정식으로 《네이처》, 《사이언스》 같은 잡지에

발표가 되지 않고, 웹사이트에만 올려놓은 '예비 논문'이거든요. 이 논문을 정식으로 발표하려면 실험에 참여한 이들의 동의가 필요한데, 한 절반 정도가 반대를 한다고 합니다. 실험 당사자조차도 실험 결과를 미심쩍어하는 거예요.

이종필 사실 오페라에서 실험 결과를 공식 발표할 때도 이런 식이었어요. '우리가 생각할 수 있는 모든 오류 가능성을 염두에 두고 데이터를 검토했는데도 중성미자가 빛보다 빠른 결과가 나왔다, 그러니 이제는 과학자 공동체가 이 결과를 검증해 달라.' 이것이 메시지였으니까요.

강양구 어떤가요? 실제로 허점이 많나요?

이종필 글쎄요. 사실 거리를 시간으로 나누면 속도를 계산할 수 있잖아요? 이 실험도 딱 그렇게 했을 뿐이에요.

GPS(위성 항법 장치)로 세른과 그란사소의 거리 약 730킬로미터를 정확히 측정했어요. 오차가 20센티미터 정도라고 합니다. 그리고 시간 측정도 온갖 오류 가능성을 염두에 두고 거의 10억분의 1 수준의 오차로 정확하게 측정했어요. 그렇게 측정한 거리를 시간으로 나눠서 빛보다 60나노초 빠른 결과가 나온 거예요.

이명현 그런데 일단은 그 전에 확인된 우주 관측 결과와 차이가 나요. 예를 들어서, 지난 2011년 9월에 초신성 폭발이 있었잖아요. 물론 실제 폭발은 약 2000만 년 전에 있었겠지요. 만약에 중성미자가 빛보다 빠르다면, 그 초신성으로부터 날아온 중성미자가 최소한 4~5년 전에 검출이 되어야 했을 텐데, 그러지 않았거든요.

이강영 네, 맞아요. 일단은 이 실험 결과를 논문으로 정식 발표하기 전에 오페라 자체적으로 혹독한 검증 작업이 있을 예정이에요. 일단 데이터를 처리하는 과정에서 오류가 없었는지 전체적으로 점검을 하겠지요. 그리고 중성미자 검출 실험을 1년 정도 더 해서 같은 결과가 나오는지 확인할 수 있을 거예요.

이명현 그런데 이전에도 이렇게 중성미자가 빛보다 빠르다는 식으로 나온 실험 결과가 있었다면서요?

이강영 네. 미국의 페르미 국립 가속기 연구소(Fermilab)에서 뮤온 중성미자를 쏴서 약 730킬로미터 떨어진 미네소타 주의 검출기에서 타우 중성미자를 확인하는 실험을 하고 있어요. 2007년에 그 실험을 하면서 중성미자가 빛보다 속도가 빠른 결과가 나온 적이 있습니다. 그런데 당시에는 오차가 너무나 커서 문제가 되지는 않았지요.

이명현 이번 오페라의 실험 결과를 보면서 미국에서도 난리가 났겠군요.

이종필 네, 그곳에서도 당시의 데이터를 다시 한 번 확인하는 작업을 진행 중이라고 하더군요. 또 중성미자의 속도를 정밀하게 확인하는 작업도 진행 중이고요.

아인슈타인이 정말로 틀렸나?

박상준 그런데 이렇게 빛보다 빠른 입자가 나온 게 정확히 어떤 의미가 있나요?

이강영 지금 우리가 세상을 바라보는 눈은 잘 알다시피 아인슈타인의 상대성 이론에 기대고 있어요. 이제는 과학자가 아니더라도 시간과 공간이 뉴턴이 얘기했던 것처럼 별개가 아니라 서로 긴밀히 연결된 것임을 압니다. 그런데 바로 이 시간과 공간의 기준이 바로 자연에 존재하는 빛의 속도(c)에요.

빛의 속도는 어떤 상황에서나 '상수'로 고정돼 있고 모든 속도의 상한선으로 정해져 있어요. 그러니 시간과 공간은 항상 빛의 속도가 같은 값이 되도록 동시에 변합니다. 아까 속도를 측정할 때는 거리를 시간으로 나눈다고 했었지요? 상대성 이론의 세계에서는 빛의 속도를 일정한 값으로 유지하기 위해서 시간 지연, 거리 단축 같은 일이 일어날 수 있습니다.

그런데 바로 이렇게 중요한 절대 상수인 빛보다 빠른 물질이 발견이 되었다고 하니 놀라지 않을 수 없지요.

이종필 아까 과학계의 반응이 크게 두 가지라고 얘기했죠? 하나는 방금 얘기했던 실험 결과를 의심하는 반응이고요. 이 실험 결과가 왜 틀렸는지를 반박하는 거죠.

다른 하나가 바로 빛보다 빠른 물질이 확인이 된다면 상대성 이론에 어떤 영향을 줄 것인가, 이런 걸 이론적으로 따져 보는 거예요. 물론 대다수는 '실험 결과를 받아들이기는 힘들지만…….' 이런 뉘앙스를 깔고 있고요. (웃음) 빛보다 빠른 중성미자의 존재를 상대성 이론의 틀 속에서 설명할 수 있는지, 아니면 혹 상대성 이론을 폐기해야 하는지 등이 논란거리입니다.

아, 이런 것도 있네요. 엔드루 코언과 셸던 글래쇼, 둘 다 저명한 물리학자입니다. 글래쇼는 1979년 노벨 물리학상을 수상했고요. 이들이 "중성미자가 빛보다 빠른 속도로 가면 에너지를 잃을 수밖에 없기 때문에 730킬로미터나 되는 거리를 갈 리 없다." 이렇게 주장을 했어요. 이런 관점에서는 3년간 1만 6000개가 검출기에서 확인이 된 것도 너무 많은 숫자죠.

강양구 코언과 글래쇼는 왜 그렇게 주장하는 거죠?

이종필 진공 상태에서는 빛보다 빠른 물질은 존재할 수 없습니다. 하지만 물속이라면 어떨까요? 물속에서는 빛의 속도가 진공 상태보다 훨씬 느려져서, 일시적으로 전자 같은 다른 입자들이 빛보다 더 빨리 움직이는 현상이 나타납니다. 이렇게 빛보다 빨리 가게 된 입자는 빠른 속도로 에너지를 내놓으며 그 속도가 줄어들죠.

이때 잃어버리는 에너지는 빛으로 관찰되죠. 이런 현상을 '체렌코프 복사(Cherenkov radiation)'라고 부릅니다. 1934년 러시아의 과학자 파벨 체렌코프(1904~1990년)가 이런 현상을 최초로 발견했고, 그는 이 공로로 1958년 노벨 물리학상을 받습니다. 과학자들은 만약 빛보다 빠른 물질이 있다면 진공 상태에서도 에너지를 잃으면서 체렌코프 복사를 하리라고 예상합니다.

이명현 그런데 어떤가요? 빛보다 빠른 물질이 확인이 된다면 상대성 이론의 운명은 어떻게 되는 건가요?

이강영 역시 두 가지 견해가 있는 것 같아요. 하나는 빛보다 빠른 중성미자의 존재를 인정하면 상대성 이론의 틀을 깰 수밖에 없다는 거예요. 그런데 앞의 코언과 글래쇼의 주장처럼 상대성 이론이 깨진다면 중성미자가 에너지를 잃는다는 거예요. 그러니 상대성 이론이 어떻게 깨지는가 하는 것도 쉬운 문제가 아니죠.

반면에 상대성 이론을 약간 보완함으로써, 그러니까 상대성 이론을 설명하는 수식에 몇 가지 항을 덧붙임으로써 빛보다 빠른 중성미자의 존재를 그 이론의 틀 속에 넣으려는 시도도 있습니다. 그런데 이런 시도는 아무래도 소수예요. 그만큼 상대성 이론의 틀 속에서는 빛보다 빠른 중성미자를 설명하기가 어려워요.

이종필 간단히 답할 문제는 아니에요. 한 가지 예를 들어 볼게요. 역설적이지만 이번 실험의 중성미자 속도 측정조차도 상대성 이론의 영향에서 자유롭지 못해요. 이번에 시간을 측정할 때도 GPS를 활용했어요. 그런데 인공 위성에서 보면 중성미자를 쏘는 세른(가속기)과 중성미자를 검출하는 그란사소(검출기)가 다 움직이고 있잖아요.

즉 인공 위성의 관점에서는 세른에서 중성미자를 쏘자마자 그란사소의 검출기는 다가오고 있지요. 그럼, 인공 위성에서 보면, 중성미자가 날아가는 데 걸리는 시간이 줄어듭니다. 이런 상대적인 효과를 염두에 두고 오차를 계산해 봤더니 딱 64나노초가 나오는 거예요. 마침 중성미자가 빛보다 60나노초 빠르다고 나왔잖아요?

빛보다 빠른 중성미자의 존재를 상대성 이론의 틀 속에서 설명할 수 있는지, 아니면 상대성 이론을 폐기해야 하는지 등이 논란거리입니다.

과연 오페라 팀이 이런 효과까지 염두에 뒀겠느냐, 이런 지적인데요. 그래서 이런 지적이 과학자들 사이에서는 화제가 되고 있어요. 그런데 아직 오페라 팀의 답변은 없습니다. 만약 오페라 팀이 이런 효과를 미처 염두에 두지 못했다면, 이번 해프닝은 상대성 이론을 깨기는커녕 그것이 얼마나 정확한 이론인지를 한 번 더 확인해 주는 일이 될 거예요. (웃음)

시간 여행은 가능하다!

박상준 빛보다 빠른 입자 얘기가 나오니까 곧바로 나온 얘기가 시간 여행 얘기예요. 어떤가요? 빛보다 빠른 입자가 확인이 되면, 정말로 시간 여행이 가능해질까요? 이건 허버트 조지 웰스의 『타임머신』 이래로 SF의 고전적인 테마입니다. 사람들도 제일 궁금해 할 대목일 거예요.

이강영 사실 상대성 이론을 염두에 두면, 지금도 미래로의 시간 여행은 가능합니다. 미래로의 시간 여행은 다시 말하면 나의 시간을 늦추는 거예요. 세상이

50년이 지날 때, 나의 시간은 25년만 지난다면 나는 25년 미래에 가 있는 셈이니까요. 상대성 이론에서는 빛의 속도에 다가갈수록 즉 빠른 속도로 이동을 하면 시간 지연 현상이 발생해요.

또 중력이 세면 시간이 느리게 갑니다. 그러니까 빠른 속도로 여행을 가거나 (빛의 속도라면 그 효과가 더 확실하겠지요!) 중력이 아주 센 곳을 다녀오면 나의 시간이 느려져서 결과적으로 미래로 시간 여행을 하는 것입니다. 이건 사실 아주 간단한 실험으로도 확인을 할 수 있어요.

이명현 맞아요. 비행기를 타면 어떨까요? 한편으로는 속도가 빠르니까 시간이 느려질 거예요. 또 다른 한편으로는 지상보다 중력이 약하니까 시간이 빨라질 겁니다. 1970년대에 비행기 안에서 시계를 놓고 지상의 시계와 비교를 해 봤더니, 이 두 가지 효과가 상쇄가 되어도 시계가 조금 느려지는 현상을 확인했어요.

예를 들자면, 러시아의 우주 정거장 미르에서도 마찬가지 효과를 확인할 수 있어요. 미르는 아주 빠른 속도로 지구를 도니까 시간이 느려질 거예요. 반면에 중력이 약하니까 시간이 빨라집니다. 이 두 가지 효과가 상쇄가 되어서 시간이 조금 느려져요. 그래서 가장 우주 비행을 많이 한 미르의 어느 우주인의 경우 지상보다 약 5분의 1초 미래로 가는 시간 여행을 한 것으로 계산되었습니다. 5분의 1초면 대단한 것 아닌가요? (웃음)

이종필 중력의 효과는 2010년에 정말로 단순한 실험으로 확인이 되었어요. 30센티미터 정도의 사다리를 놓고서, 사다리 밑과 사다리 위에 초정밀 시계를 놓아 뒀어요. 무슨 일이 벌어졌을까요? 고작 30센티미터의 중력 차이 때문에 사다리 위에 있는 시계가 사다리 밑에 있는 시계보다 빨라진 거예요. 무려 79년간 900억분의 1초 정도요. (웃음)

박상준 상대성 이론 입증 실험의 가장 단순명쾌한 종결자네요. (웃음) 그럼,

미래로 시간 여행을 하려면 KTX나 총알 택시를 많이 타고 다녀야겠군요. 지상에서 빠른 속도로 이동을 하면 시간 지연 현상의 효과를 볼 테니까요. (웃음)

이강영 앞에서 언급했듯이 우주 공간의 인공 위성에서는 시간이 지상과는 다릅니다. 그럼 인공 위성의 신호를 받아서 기능하는 지상의 GPS, 휴대 전화의 시간은 왜 정확할까요? 바로 상대성 이론의 효과를 보정하기 때문이에요. 이렇게 일상생활 깊숙이 상대성 이론이 들어와 있습니다.

이종필 그러니까, 상대성 이론이 틀렸다면 새로운 이론에 따라서 GPS의 시간을 다 바꿔야 해요. 그리고 그렇게 바뀐 GPS의 시간을 염두에 두고 새롭게 실험을 해야죠. 이런 상황을 염두에 두면, 상대성 이론의 틀을 깨는 실험 결과를 얻는 게 얼마나 어려운 일인지 알 수 있어요.

이강영 더욱 이상한 것은 중성미자만 상대성 이론을 따르지 않을 수도 있다, 이런 건데…….

이종필 그러니까 많은 과학자들이 의아하게 생각하는 거예요. 이론과 실험 양쪽에서 모두 세계 최고 수준의 연구 업적을 내는 세른의 존 엘리스 같은 물리학자도 '다른 입자들은 다 상대성 이론을 따르는데 왜 중성미자만 그렇지 않느냐.' 하면서 이번 실험 결과에 회의적인 반응을 보여요.

시간 여행은 불가능하다!

박상준 다시 시간 여행으로 돌아가죠. (웃음) 빛의 속도보다 빠른 입자가 확인이 되면 과거로의 시간 여행은 가능할까요? 애초의 상대성 이론, 그러니까 빛보다 빠른 물질은 존재할 수 없다고 보는 틀에서는 과거로의 시간 여행은 불가능하다고 얘기를 했잖아요. 어떻게 봐야 할까요?

이강영 글쎄요. 저는 설사 빛보다 빠른 물질이 확인이 된다고 하더라도 자신의 과거로 시간 여행을 할 수 있을지 회의적이에요. 예를 들어 볼게요.

한계 속도가 유한하면 시간과 공간이 얽히게 된다는 것을 이렇게 표현해 봅니다. 학교 수업이 오전 9시에 시작을 해요. 그리고 무슨 수를 쓰더라도 내가 학교까지 가는 데는 1시간이 걸려요. 그런데 어느 날 내가 8시 20분에 일어났어요. 그럼 나는 지각을 한 걸까요, 안 한 걸까요? '아직 수업이 시작하려면 40분이나 남았으니까 지각이 아니야.' 하고 외칠 수도 있겠지요. (웃음)

하지만 집에서 학교까지 1시간이 걸리니까, 나는 이미 지각을 한 겁니다. 즉 집에서 8시라는 시공간은 학교에서 9시라는 시공간과 동일한 의미를 가지는 것이죠. 여기, 철수와 영희가 있어요. 그런데 철수는 특별한 능력이 있어서 집에서 학교까지 30분이면 갈 수 있어요. 반면에 영희는 1시간이 걸리죠. 그러면 철수는 영희보다 30분 먼저 도착해서 영희의 책상을 파란색으로 칠한다든가 혹은 사물함의 교과서를 숨겨 놓는다든가 그런 일을 할 수 있어요. 뒤늦게 9시에 학교에 도착한 영희의 반응은 어떨까요? 마치 철수가 영희의 과거로 와서 과거를 바꿔 놓았다고 느끼게 될 겁니다. 이런 식의 사건을 과거로의 시간 여행이라고 말할 수 있을지는 몰라요. 하지만 내가 자신의 과거 시간으로 가는 건, 초광속이라고 하더라도 그런 게 가능할 리 없어요.

이종필 맞아요. 설사 중성미자가 빛의 속도보다 빨리 간다고 하더라도, 그것 역시 유한한 속도를 가지니까요. 여기 1시간에 100

킬로미터를 가는 KTX가 있어요. 그 KTX로는 1시간 안에 대전까지밖에 못 갑니다. 1시간 안에는 절대로 대구, 부산을 갈 수 없어요. 그런데 1시간에 200킬로미터를 가는 KTX가 등장했어요.

그러면 1시간에 100킬로미터만 가는 KTX만 있는 세상에 혼란이 생길 거예요. 1시간에 최대한 멀리 갈 수 있는 곳이 대전이었는데, 200킬로미터를 가는 KTX를 탄 A가 "나는 이미 대구에 다녀왔다."라고 말하면 어떻겠어요? 미래(대구)가 과거가 되어 버린 셈이니, 인과 관계에 혼란이 생기겠지요.

초광속으로 운동하는 경우 좌표에 따라서는 시간이 과거로 흘러가는 그런 좌표계도 가능합니다. 인과율을 무시하면 수학적으로 가능하긴 하지만, 상대성 이론 안에서는 그런 속도를 만들 수가 없어요.

빛의 속도보다 빠른 중성미자가 확인이 된다면, 빛의 속도를 기준으로 모든 시공간의 틀을 짜 놓은 세상에서는 혼란이 일어날 수밖에 없을 거예요. 하지만 다시 중성미자의 속도를 기준으로 시공간의 틀을 짜 놓으면 다시 새로운 과거-현재-미래의 인과 관계가 만들어집니다. 어차피 빛이나 중성미자나 속도가 유한한 건 마찬가지니까요.

다시 말하자면, 과거로의 시간 여행은 불가능합니다. (웃음)

강양구 이런 설명을 염두에 두면, SF 작가들이 시간 여행을 다루는 게 쉽지가 않겠군요. (웃음)

박상준 그래서인지 SF 작가들도 저렇게 공간을 그대로 두고 시간을 과거로, 미래로 이동하는 식의 설정은 피하는 것 같아요. 대신에 아예 시공간 자체를 이동하는 설정을 즐겨 사용합니다. 현대 물리학의 '평행 우주' 이론이 있잖아요. 그걸 염두에 둔 것이지요. 즉 다른 세계로 옮겨 갔는데 거기가 바로 나의 과거 혹은 미래였다, 이런 식으로요.

이강영 그런 식의 설정이라면 충분히 가능하죠. 실제로 평행 우주, 그리고 그것을 설명하려는 최근의 이론인 '초끈 이론' 등에서는 우리가 존재하는 우주와는 평행한 또 다른 우주가 있을 가능성을 인정하거든요. 그리고 그 다른 우주에서는 시간의 흐름이 우리 우주와는 다를 수 있으니까요.

이종필 만약에 그것을 넘나드는 통로를 찾는다면, 일종의 시간 여행과 같은 효과를 누릴 수 있겠지요. 단, 엄밀한 의미에서 그것은 시간 여행이 아니라 또 다른 우주로의 여행이지만요. 당연히 두 우주 사이의 인과 관계가 상호 영향을 받을 가능성도 별로 없고요. 그런데 어떤 소설이 있나요?

박상준 평행 우주, 혹은 대체 역사라고도 하지요. 우리나라에서는 1987년에 복거일이 『비명을 찾아서』(전2권, 문학과지성사, 1987년)라는 소설을 내서 주류 문단에서 큰 주목을 받았어요. 한반도가 1945년에 일제 치하에서 해방되지 못하고 계속 식민지로 남아 있다는 가상의 역사를 쓴 작품인데, 영화 「2009: 로스트 메모리즈」(2002년)의 원작이기도 하지요.

제2차 세계 대전에서 독일이 이기고 미국이 졌다는 가정을 배경으로 쓴 소설인 『높은 성의 사내』(남명성 옮김, 폴라북스, 2011년)도 있습니다. 「블레이드러너」(1982년), 「마이너리티 리포트」(2002년) 등의 원작 작가로 유명한 SF 작가 필립 딕의 장편이지요. 평행 우주, 대체 역사는 SF라기보다는 역사와 사회를 색다른 시각으로 바라보게 하는 일종의 사회 소설 기법으로 꽤 인기가 있습니다.

결국은 아인슈타인이 옳다?

강양구 자, 결론을 내릴까요? 중성미자가 빛보다 빠르다, 이렇게 확인이 될까요?

이강영 수다를 떠는 중에 이미 어느 정도 결론이 난 것 같아요. 섣부르게 판단할 일은 아니지만, 개인적으로는 회의적이에요. 다만 이번에 결론이 어떻게 나든지 간에 이 일을 계기로 과학자 공동체로서는 여러 가지 자극을 받을 거예요. 중성미자 검출 실험도 훨씬 더 엄밀해질 테고, 이참에 이론도 여러 가지 관점에서 점검해 볼 수 있는 기회를 가졌으니까요.

이종필 결과적으로 해프닝으로 끝나지 않을까, 조심스럽게 전망해 봅니다. 그러고 보니, 이번 실험 결과에 대한 과학자들의 다양한 반응은 그 자체로 과학기술학(Science & Technology Studies, STS)을 공부하는 분들에게는 좋은 연구 소재가 될 것 같아서 조심스럽네요. (웃음)

박상준 상대성 이론을 비롯한 물리학의 법칙대로라면 초광속 우주선이나 타임머신은 사실상 실현 불가능입니다. SF 작가에겐 기운 빠지는 일이죠. 계속 허구로만 남을 얘기니까요. 그래서 이번 초광속 중성미자 소식이 무척 반가웠을 겁니다. 물론 엄밀한 검증을 거치는 과정을 지켜보겠지만, 속으로는 '제발 사실로 판명되어라.' 하고 간절히 바라고 있을 겁니다. 인류의 새 역사가 열릴지도 모르는 순간을 직접 겪는 것 아니겠습니까?

빛보다 빠른 물질이 진짜로 발견된다면……

비록 해프닝으로 끝나긴 했지만, 빛보다 빠른 물질의 발견을 놓고서 과학자 공동체가 보인 반응은 굉장히 흥미롭습니다. 새로운 가설이나 발견이 등장했을 때, 우리는 과학자 공동체가 어떻게 반응하는지 머릿속에 이상적인 모습을 그려 놓고 있죠. 심지어 교과서에도 나오는 그 과정을 거칠게 설명하면 다음과 같습니다.

새로운 가설이나 발견이 등장했을 때, 과학자 공동체는 토론, 논쟁, 검증을 통해서 가설을 기각하거나 발견의 오류를 짚습니다. 이런 혹독한 검증 과정을 거치고 나서도 살아남는 것이야말로 비로소 과학의 한 부분으로 받아들여집니다. 과학은 이렇게 조금씩 축적되면서 앞으로 나아가는 것이죠. 이처럼 새로운 가설이나 발견은 과학의 진보에 필수불가결한 요소죠.

이번에 빛보다 빠른 물질을 놓고서 과학자 공동체가 보인 모습은 어떨까요? 한편으로는, 우리가 머릿속에 생각하는 이런 이상적인 모습에 딱 들어맞습니다. 예기치 못했던 발견을 놓고서 과학자 공동체에서는 활발한 토론과 논쟁이 뒤따랐습니다. 이 과정에서 미처 알아채지 못했던 측정 과정의 오류가 확인이 되었고, 결국 이 관찰 결과는 기각되었죠.

그런데 사정을 자세히 들여다보면 상황은 훨씬 더 복잡합니다. 처음 중성미자가 빛보다 빠른 결과가 나왔을 때, 실험을 직접 수행한 과학자조차도 새로운 발견에 환호하기는커녕 불신을 감추지 못했습니다. 이들은 이렇게 되뇌었죠. '어디선가 측정 오류가 있었던 게 틀림없어!' (나중에는 불완전했던 것으로 밝혀진) 자체 검증 후에도 상당수 과학자의 불신은 계속되었죠.

이런 모습은 토머스 쿤이 『과학 혁명의 구조』에서 얘기했던 '정상 과학(normal science)' 시기 과학자의 전형적인 모습입니다. 상대성 이론이라는 지배 패러다임을 바탕으로 연구를 하는 과학자는 그것을 당연시할 뿐만 아니라, 심지어 그것과 모순되는 관찰 결과마저도 그 틀 안에 집어넣을 궁리를 하죠. ("빛보다 빠른 중성미자도 상대성 이론으로 설명할 수 있다.")

흥미롭게도 쿤은 이런 태도야말로 과학의 발전에 도움이 되리라고 보았습니다. 상대성 이론을 고수하려는 과학자의 노력이 축적될수록 그 이론의 설명력은 더욱더 높아질 테니까요. 다만 상대성 이론으로 설명할 수 없는 관찰 결과가 계속해서 축적되고, 그런 결과를 그럴듯하게 설명할 수 있는 다른 이론이 존재한다면 그때는 상황이 달라지겠죠.

그러니 상대성 이론과 경쟁하는 또 다른 이론이 부재하는 현실에서 빛보다 빠른 중성미자를 맞닥뜨렸을 때, 과학자 공동체가 보였던 반응은 어찌 보면 당연해 보입니다. 그런데, 정말로 빛보다 빠른 어떤 물질이 발견되면 어떻게 될까요? 그것도 상대성 이론을 대신할 만한 다른 것도 없는 상태에서요. 아마도 과학자 공동체는 공황 상태에 빠지겠죠.

여기서 쿤의 경쟁자였던 카를 포퍼의 견해를 한 번 음미해 볼 만합니다. 포퍼는 정상 과학 시기의 패러다임을 의심하지 않는 태도가 '맹신'으로 이어질 가능성을 경고합니다. 그리고 끊임없이 회의하며 비판하는 시각의 중요성을 강조했죠. 우리에게는 상대성 이론을 뿌리째 뒤흔들 또 다른 과학 혁명을 상상하면서 전복의 희열을 느낄 소수의 과학자도 필요합니다.

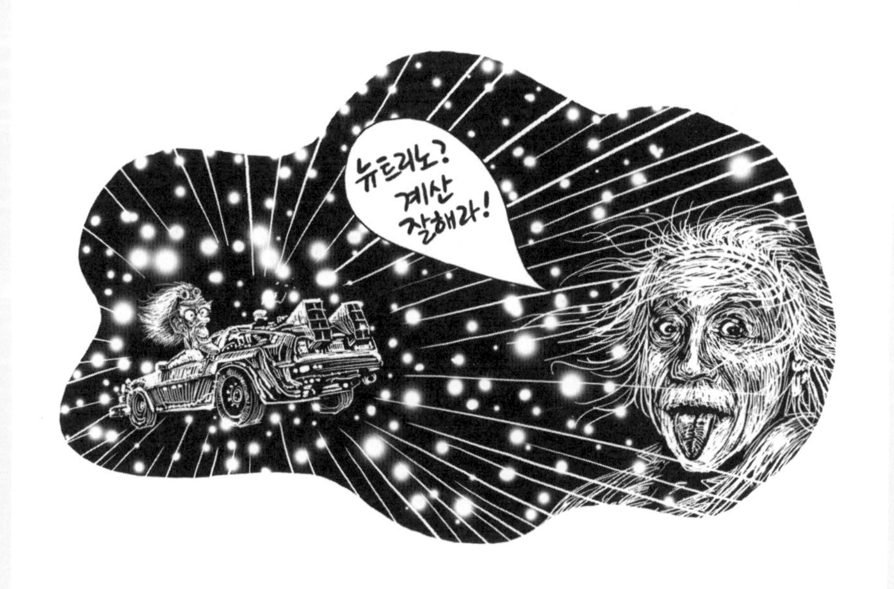
뉴트리노? 계산 잘해라!

5

세포

우리 몸속엔 1조 개의 소우주가 있다

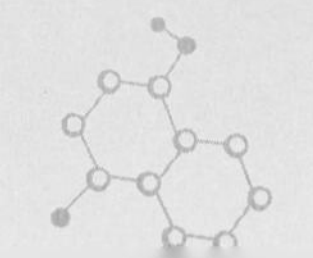

송기원
연세 대학교
생화학과 교수

이정모
서울 시립 과학관
관장

이명현
과학 저술가 /
천문학자

강양구
지식 큐레이터

우리는 디옥시리보핵산(DNA) 염기의 구조를 제안하고자 한다. 이 구조는 생물학적으로 상당한 관심을 불러일으키는 놀라운 특징을 가지고 있다.

1953년 4월 25일 영국의 과학 잡지 《네이처》에는 이렇게 두 문장의 짧은 단락으로 시작하는 한 쪽짜리 논문이 실렸습니다. 당시 각각 스물다섯, 서른일곱이었던 제임스 왓슨과 프랜시스 크릭이 대를 이어 생명의 비밀을 전달하는 유전 정보가 이중 나선 구조로 꼬인 DNA 안에 새겨져 있음을 세상에 공표한 것이죠.

'보물 지도' 들고 인체의 신비 푼다. …… 마침내 인간 게놈 지도가 완성돼 신비에 싸인 생명체의 비밀이 모습을 드러냈다. (《경향신문》 2003년 4월 21일)

왓슨과 크릭이 DNA의 구조를 밝힌 지, 딱 50년이 지난 2003년 4월 전 세계 언론은 이런 기사를 일제히 쏟아 냈습니다. 인간 유전체 프로젝트(Human Genome Project)의 결과로 인간 유전체(Genome) 지도가 완성이 되어 생명의 비밀이 마침내 그 실체를 드러냈다는 것이죠. 과학자를 비롯한 많은 이들은 일제히 '질병 정복'의 가능성을 전망했습니다.

10년이 지난 지금, 상황은 어떨까요? 언론은 여전히 하루가 멀다 하고 암을 포함한 온갖 질환과 관계된 유전자의 발견 사실을 보도합니다. 하지만 인류가 수십 년 안에 질병을 정복할 가능성은 아주 낮아 보입니다. 아니, 오히려 우리를 괴롭히는 질병은 더욱더 다양해지고 있습니다.

위암, 간암, 대장암, 유방암 등 각종 암은 여전히 공포의 대상입니다. 뇌졸중, 심근 경색 등의 뇌혈관 질환이나 심혈관 질환은 매년 암보다 더 많은 사람의 목숨을 앗아 갑니다. 항생제, 항바이러스제와 같은 치료약과 예방 백신으로 전염병과 같은 감염성 질환을 통제했다는 착각은 동아시아나 아프리카 오지에서 시작된 각종 신종 전염병의 유행으로 산산조각이 났습니다.

어쨌든 우리가 생명의 비밀에 점점 더 다가가고 있는 것은 사실 아니냐고요? 왓슨과 크릭의 논문 발표 60주년을 기념해 2013년 4월 25일 《네이처》에 실린 기사에서 과학 저술가 필립 볼은 이 질문에 이렇게 답합니다.

DNA: Celebrate Unknowns.

지금 우리는 생명의 비밀에 한 걸음 더 다가가기는커녕 더욱더 모르는 것 투성이인 상태가 되었음을 보여 주는 것이죠.

심지어 필립 볼은 "DNA가 무엇을 하는지" 또 "그것이 생명체의 특징을 드러내는 과정을 얼마나 지배하는지"조차도 확답할 수 없는 지경이라고 한탄합니다. 생명 현상을 알아 갈수록, 그 실체가 명확해지기는커녕 확신해 왔던 것조차도 한 번 더 회의를 해야 하는 상황이 되었다는 것이죠.

아니나 다를까, 어느 순간부터 과학자들은 '유전'만큼이나 '환경'을 강조하기 시작했습니다. 당장 유전자 한두 개 혹은 몇 개의 조합으로 특정 질병을 비롯한 생명 현상의 실체를 파악할 수 있으리라고 믿는 과학자는 자취를 감췄습니다. 생물학을 다룬 최신 과학 기사에서 '후성 유전학(Epigenetics)'과 같은 알쏭달쏭한 새로운 단어가 자주 눈에 띄는 것은 그 증거죠.

생명 과학의 최전선에서 도대체 어떤 일이 진행되고 있는지 살펴보는 수다를 떨기로 한 것도 바로 이런 사정 때문입니다. 이번 수다에서는 2013년 노벨 생리 의학상을 수상한 세 과학자의 연구부터 시작해 꼬리에 꼬리를 물고 지금 생명의 비밀을 파헤치는 수많은 과학자의 노력을 종횡무진 살펴봅니다.

우리 몸을 구성하는 1조 개의 우주, 세포의 신비를 연구하는 송기원 연세 대학교 교수가 이 어려운 수다의 가이드로 나섰습니다. 이정모 서대문자연사 박물관 관장, 천문학자 이명현 박사가 친절한 도우미로 때로는 독자를 대신한 질문자로 함께 수다를 떨었고요. 한때 생물학을 공부했지만 아는 건 거의 없는 강양구 기자도 뻔뻔하게 한두 마디 보탰습니다.

그럼, 이제 열릴 듯하면서도 좀처럼 열리지 않는 생명의 비밀을 슬쩍 엿보면서 삶과 죽음의 신비를 생각해 볼 시간입니다.

모든 것은 세포로 통한다

이명현 오늘 수다의 주인공은 생명 현상의 무대, 세포입니다. 2013년 노벨 생리 의학상을 받은 연구를 중심에 놓고서 세포의 이모저모를 살필 생각인데요. 송기원 선생님께서 잘 가이드해 주시리라 믿습니다. (웃음)

송기원 얼떨결에 나오긴 했는데 걱정이 되네요. 여기 있는 이정모 관장도 대학에서 저랑 같이 생화학을 공부했고, 이제 보니 강양구 기자도 대학에서 생물학을 공부했잖아요. 다들 세포를 놓고서 한두 마디쯤은 할 수 있는 자격이 충분하잖아요. (웃음)

강양구 저의 경우라면, 전혀 걱정할 필요가 없습니다. 대학에서 생물학을 공부할 때, 졸업 전까지 제 발목을 잡았던 과목이 '세포 생물학'이었거든요. 부끄럽습니다만, 재수강을 두 번 했었던가요? 그때 교수님이 제 성적을 기억하신다면, 제가 세포 운운하고 있다는 사실만으로도 개탄을 금치 못하실 거예요. (웃음) 이정모 관장님은 어떻습니까? 세포를 좀 아십니까?

이정모 이 정도는 알죠. 내 몸은 세포로 되어 있다. (웃음)

송기원 강 기자가 세포 생물학을 두 번 재수강했다는 얘길 들으니 갑자기 자신감이 생기네요. 어쨌든 이 자리에서 저보다 세포를 더 잘 아는 사람은 없다 이거죠? (웃음) 사실 저랑 이정모 관장이 학부에서 생화학을 공부하던 1980년대 초반만 하더라도, 생화학과에서는 세포를 거의 공부하지 않았어요. 생화학과는 화학, 생물학과는 생물, 이런 식이었으니까요.

지금의 관점에서 보면 이런 구분이 참 우스꽝스럽죠. 화학을 모르면 생명 현상을 제대로 이해할 수 없고, 또 생물학을 모르면 생명 현상에서 화학의 구체적인 의미가 무엇인지를 확인할 수 없으니까요. 오늘 제가 주로 소개할 2013년 노벨 생리의학상을 수상한 과학자들이 바로 그 단적인 증거입니다.

이명현 본격적인 수다에 들어가기 전에 오늘의 주인공인 세포에 대해서 기본적인 소개를 해 주면 어떨까요? 일단 세포 생물학을 두 번이나 재수강한 강 기자를 위해서 그럴 필요가 있을 것 같습니다. (웃음) 우선 세포는 인간뿐만 아니라 동식물을 포함한 지구상에 존재하는 모든 생명 현상의 기본 단위죠?

송기원 그렇습니다. 인간을 포함한 동식물, 미생물까지 모두 다 세포로 이뤄져 있어요. 인간 성인처럼 몸을 구성하는 세포의 수가 수십조 개에 달하는 다세포 생물도 있지만, 아메바처럼 세포 하나가 개체를 이루는 단세포 생물도 있지요.

당연히 이 세포들의 모양과 기능은 천차만별입니다. 사람의 몸을 이루는 세포만 보더라도 뇌, 근육, 혈액을 이루는 세포는 그 모양과 기능이 제각각이죠. 그런데 여기서 한 가지 주의해야 할 것이 있어요. 이렇게 모양과 기능이 제각각인 세포가 사실은 같은 원칙을 가지고 움직이고 있다는 거예요.

강양구 세포가 그렇게 같은 원칙을 가지고 움직이고 상호 작용을 하니, 수십조 개가 넘는 세포들로 이루어진 인간이 그 생명을 유지하면서 살아갈 수 있는 거군요.

송기원 그렇습니다. 과학자들은 바로 각각의 세포가 공유하는 공통의 규칙(logic)을 찾고자 노력해 왔죠. 예를 들어, 지난 반세기 동안의 발견 중에서 가장 널리 알려진 것은 1953년 제임스 왓슨과 프랜시스 크릭의 DNA 이중 나선 구조입니다. 두 가닥의 DNA가 이중 나선으로 꼬여 있는 구조 안에 생명체의 유전 정보가 온전히 담겨 있죠.

강양구 여기서 한 가지만 확인하고 넘어가죠. 바보 같은 질문이지만, 인간의 몸을 구성하는 수십조 개의 세포가 저마다 유전 정보를 한 벌씩 고스란히 가지고 있다는 거죠?

송기원 그건 잊지 않았군요. (웃음) 맞습니다. 난자, 정자와 같은 생식 세포를 제외한 인체를 구성하는 대부분의 세포(체세포) 안에는 부모로부터 자녀에게 전해진 유전 정보 한 벌이 고스란히 담겨 있어요. 그 유전 정보를 담고 있는 것이 바로 각 세포의 핵 안에 들어 있는 DNA 이중 나선 구조죠.

사실 겉으로만 보면 우리 몸이 그대로인 것 같지만 실제로는 끊임없이 기존의 세포는 죽고 새로운 세포로 대체되고 있어요. 이것을 세포 분열이라고 하죠. 하나의 난세포가 2개의 세포로 분열하는 것을 46번만 해도 60조 개의 세포가 만들어지기 때문에 이런 생성과 소멸을 통한 대체가 제대로 이뤄지지 않으면 개체가 생명을 유지할 도리가 없죠. 바로 이런 대체가 가능한 이유가 바로 우리 몸을 구성하는 각각의 세포가 끊임없이 자기 안의 유전 정보를 이용해 자기와 똑같은 세포를 만들어 내기 때문이죠.

생명 현상의 소통 수단, 단백질

이명현 일단 이 시점에서 본격적으로 얘기를 시작하죠. 2013년 노벨 생리 의학상 얘기부터 해 볼까요. 제임스 로스먼, 랜디 셰크먼, 토마스 쥐트호프 이렇게

3명이 공동 수상했죠?

송기원 네. 세 과학자 얘기를 꺼내기 전에 세포가 어떻게 구성되어 있는지 간단히 소개할게요. 이들이 무엇을 연구했는지 알려면 꼭 필요한 내용이니까요. (웃음) 세포의 구성 성분을 분자 수준에서 살펴보면 물, 단백질(protein), DNA나 RNA 같은 핵산, 지질(lipid), 당류(sugar) 등이에요. 여기서 우리가 특별히 주의를 기울일 세포의 구성 성분은 바로 단백질입니다.

왜냐하면, 세포에서 단백질이 굉장히 중요한 기능을 수행하거든요. 사실 생명 현상의 모든 기능은 단백질이 수행한다고 얘기해도 될 정도예요. 아까 유전 정보 한 벌이 세포의 DNA 안에 담겨 있다고 했잖아요? 그 유전 정보가 생명 현상으로 나타나려면 두 단계의 과정을 거쳐야 합니다.

우선 DNA에서 RNA로 유전 정보를 전달합니다(DNA→RNA). 그리고 그렇게 RNA로 전달된 유전 정보를 바탕으로 20개의 아미노산을 조합해서 다양한 길이와 구조를 가진 단백질을 만들어요(RNA→단백질). 흔히 DNA의 유전 정보가 RNA를 거쳐서 단백질을 합성하는 이 과정(DNA→RNA→단백질)을 분자 생물학의 '중심 원리(Central dogma)'라고 부릅니다.

강양구 프랜시스 크릭이 1956년에 처음으로 이 말을 썼다죠.

송기원 아, 그랬던가요? 그럴 만한 자격이 충분한 과학자죠. (웃음) 아무튼 이렇게 만들어진 단백질이 세포의 구성 성분이 되어서 몸속 곳곳에서 여러 가지 기능을 수행합니다. 그런데 여기서 한 가지 의문이 생기지 않나요? 몸속에서 만들어진 그 수많은 단백질은 도대체 어떻게 적시적소에서 제 기능을 수행할 수 있을까요?

얼른 감이 안 올 테니, 방금 합성된 단백질을 상상해 보세요. 단백질의 크기는 나노미터(10^{-9}미터) 수준인데 세포의 크기는 100마이크로미터(10^{-6}미터)예요.

우리가 보기에는 세포가 아주 작지만, 단백질의 입장에서 세포 안은 굉장히 큰 공간이죠. 당장 이 큰 공간에서 어디로 가야 할지 막막하겠죠.

더구나 단백질 중에는 세포 안에서 역할을 해야 할 것도 있고, 또 세포막을 통과해서 세포 밖으로 나가야 할 것도 있어요. 세포 밖으로 나간 단백질은 더욱더 난감하죠. 그런데 놀랍게도 단백질은 정말로 제때에 제자리를 찾아가서 제 역할을 해 내죠. 비유하자면, 우리 몸속에는 놀랍도록 정교한 단백질 물류(logistics) 체계가 구축되어 있는 거예요.

2013년에 노벨 생리 의학상을 받은 세 과학자는 공통적으로 바로 이 단백질 물류 체계에 관심을 가졌어요. 세포 내부에서 이루어지는 단백질 이동, 세포와 세포 사이에 이루어지는 단백질 운송 등을 연구한 거죠. 흥미롭게도 이 세 과학자는 똑같은 질문을 던지고 그 답을 찾는 과정의 초기에는 서로 교류가 거의 없었어요. 그런데 각자의 연구 결과가 서로서로 보완해 준다는 것을 발견하고 교류하고 함께 연구하기 시작했죠.

이명현 과학자로서 아주 행복한 경우였군요.

송기원 그렇죠. 서로 의식할 수밖에 없는 경쟁 상대였을 텐데, 소모적인 경쟁도 피했을 뿐만 아니라 그 연구 결과마저도 서로를 격려하는 쪽으로 나왔으니까요. 그럼, 이제 셋 중에서 나이가 제일 많은 제임스 로스먼의 연구부터 살펴볼까요? 참고로, 로스먼이 1947년생, 랜디 셰크먼이 1948년생, 그리고 토마스 쥐트호프가 1955년생입니다.

로스먼은 전형적인 생화학자의 접근 방법을 따랐어요. 만들어진 단백질이 실제로 어떻게 이동하는지 단계마다 추적한 거예요. 다시 물류 체계의 비유를 염두에 두면, 로스먼은 특히 단백질을 '어떻게' 운반하는지에 초점을 맞췄습니다. 자, 그럼 여기서 궁금증이 하나 생기지 않나요?

이정모 물류 체계의 기본은 '어디로'가 먼저 아닌가요?

송기원 그렇죠. 사람을 비롯한 다세포 생물의 세포는 방이 여러 개 있는 집으로 비유할 수 있어요. 집(세포) 안에 핵, 미토콘드리아, 소포체, 골지체, 리보솜, 리소좀 등 여러 기능을 하는 방(소기관)들이 있습니다. 세포 안에서 만들어진 여러 단백질은 우선 이 세포 소기관들로 정확히 전달이 되어야 합니다. 단백질이 '어디로' 가느냐의 문제가 해결되어야죠.

귄터 블로벨이 바로 이 문제를 해결한 공로로 1999년에 노벨 생리 의학상을 받았죠. 블로벨의 연구에 따르면, 단백질은 만들어질 때부터 이미 어디로 갈지가 정해져 있어요. 비유하자면, 물건이 제작될 때부터 그 물건이 누구한테 배달될지 우편 번호가 붙어 있는 셈이라고나 할까요.

강양구 자동차랑 비슷한 건가요? 자동차 공장을 가 보면 조립 라인의 모든 자동차에 구매 정보가 붙어 있어요. 그럴 수밖에 없죠. 자동차마다 구매자가 원하는 옵션 사양이 다 다르니까요. 그러니까 자동차는 만들어지기 전부터 이미 누구에게 배달이 될지 정해진 상태에서 조립이 시작됩니다.

송기원 비슷하네요. 좀 더 자세히 설명을 해 볼게요. 단백질의 맨 앞부분에는 우편 번호와 같은 신호(signal peptide)가 있어요. 만약 미토콘드리아로 이동할 단백질이라면, 그것이 만들어지기 시작할 때부터 이 신호에 따라서 미토콘드리아 벽에 단백질의 첫 부분이 붙는 거예요. 그리고 거기서부터 미토콘드리아 안으로 끌려 들어가면서 단백질이 온전한 형태로 만들어지죠.

이건 정말 효율적인 방법이죠. 아파트의 각 방은 벽과 문으로 가로막혀 있어요. 문이 닫혀 있는 상태에서 실로 뜨개질한 목도리를 옆방으로 가져다주는 건 거의 불가능하죠. 그런데 문틈으로 실을 옆방으로 보내서, 거기서 뜨개질을 마치도록 하는 건 쉽잖아요. 그런데 바로 이런 실의 맨 앞에 어느 방으로 갈지를 가리키는 신호가 있음을 블로벨이 확인한 거예요.

지구의 역사가 약 46억 년인데, 불과 10억 년 전까지만 해도 아주 간단한 생명체로 가득했어요.

강양구 블로벨의 연구로 '어디로'뿐만 아니라 '어떻게' 이동하는지도 설명이 되는데요?

송기원 인간과 같은 다세포 생물에서는 그런 방법만으로는 불충분하죠. 일단 단백질 중에는 세포 밖으로 나가야 할 것들이나 혹은 세포 안에서도 단순히 꽂아 주는 것만으로는 이동이 어려운 게 있잖아요. 그러니까 아파트의 바로 옆방이 아니라 멀리 떨어진 방으로 운반할 것들이나, 아예 다른 집으로 가져가야 할 것들이 있는 거죠.

이정모 고등학교 때 배웠던 기억을 더듬어 보면 여기서 소포체(小胞體)가 등장할 차례 아닌가요? 이름도 공교롭게도 '소포(小包)'체라서……. (웃음)

송기원 맞아요. (웃음) 세포 내 소기관 중에 소포체(Endoplasmic Reticulum, ER)가 중요한 역할을 합니다. 세포 안에서 만들어진 단백질의 상당수가 일단 소포체로 보내지는 거예요. 소포체는 일종의 최종 조립 공장과 물류 센터를 겸한 곳인데요. 어쨌든 최종적으로 만들어진 단백질은 소포체에서 포장해서 애초 정해진 곳으로 보냅니다.

이정모 처음에는 이 연구에 학계가 굉장히 회의적이었다죠?

송기원 그럼요. 블로벨이 단백질 물류 체계의 비밀을 다 밝힌 것처럼 보였으니까요. 로스먼이나 셰크먼은 블로벨의 설명만으로는 해명이 안 되는 단백질의 수송 사례를 보면서 또 다른 방법이 있으리라고 생각했죠. 하지만 블로벨과 그의 연구가 워낙에 유명하다 보니, 다들 회의적이었어요. 실제로 수년간 별다른 성과도 나오지 않았고요.

2013년 이들은 노벨상을 받고 나서 이렇게 토로하죠. 블로벨이 이미 1999년에 노벨상을 받아서 노벨상 수상은 꿈도 꾸지 않았다고. 또 요즘처럼 실용적인 연구 결과만 좇는 상황에서는 절대로 연구비를 받지 못했을 거라고. 그러면서 당장 응용이 가능한 가시적인 성과만 좇는 최근 과학의 흐름에 대해서 굉장히 강한 우려를 표명합니다.

10억 년의 기적, 생명 공동체

이명현 이제 소포체에서 단백질이 어떻게 이동하는지 좀 더 자세히 알아볼까요?

이정모 다시 고등학교 때 배웠던 걸 언급하면, '리보솜에서 만들어진 단백질이 소포체, 정확히 말하면 조면 소포체(rough ER)를 통해서 이동한다.'라고 배웠던 것 같아요. 시험에 나온다고 열심히 외웠던 기억이 납니다. 그런데 정말로 그것이 어떻게 이동하는지는 안 배웠던 것 같네요.

송기원 그게 우리 과학 교육의 문제죠! 아까 소포(小包)를 농담처럼 언급했는데, 진짜로 소포체에서 단백질을 소포처럼 포장해서 이동시켜요. 일단 조면 소포체에 붙어 있는 리보솜에서 단백질이 합성되기 시작하면 여기서부터는 정말로 복잡해요. 왜냐하면, 아까 자동차 공장 얘기가 나왔는데, 정말 단백질마다 제각각이거든요.

일단 물을 좋아하는 단백질과 싫어하는 단백질의 상황이 전혀 달라요. 참,

여기서 강 기자를 위해서 다시 한 번 배경 설명이 필요할 것 같네요. (웃음) 세포 안 또 소포체와 같은 세포 소기관의 안은 다 물로 채워져 있어요. 당연하죠. 인간 체중의 70퍼센트가 물인 건 다 아시죠? 그러니 인간 신체를 구성하는 단위인 세포도 물로 채워져 있겠죠.

이 물이 굉장히 중요해요. 제 기능을 하는 단백질은 그 구성 요소인 아미노산 사슬이 3차원 구조로 접힌 구조를 이루고 있어요. 그런데 그런 단백질의 3차 구조가 나타나는 이유가 바로 물 때문이에요. 아미노산 중에서 물을 싫어하는 것은 물과 안 닿으려고 안쪽으로 숨고, 물을 좋아하는 것은 밖으로 노출되면서 가장 안정된 단백질의 고유한 구조가 만들어지는 거예요.

강양구 바로 물 때문에 세포나 세포 소기관을 감싸고 있는 막(membrane)도 독특한 구조로 이뤄져 있죠. 물을 좋아하는 성질을 가진 부분은 바깥쪽을 향하고, 물을 싫어하는 성질을 가진 부분은 안쪽을 향하는 이중막 구조로요. 마치 (세포 안팎의 물을 향하는) 올챙이 두 마리가 서로 꼬리를 대고 등지고 있는 구조죠. 세포 생물학을 두 번이나 재수강했으니, 이 정도는 기억하고 있어야죠. (웃음)

송기원 맞아요. 그런 이중막의 중요한 효과 중 하나로 세포, 또 세포 소기관 안팎으로 물질이 마음대로 오가는 게 불가능해져요. 예를 들어, 물을 싫어하는 단백질은 막의 바깥 부분에 가로막히고, 물을 좋아하는 단백질은 막의 안쪽 부분을 통과하지 못할 테니까요. 실제로 이산화탄소, 질소, 탄소, 에탄올 정도만 막의 안팎을 자유롭게 통과할 수 있습니다.

나머지, 예를 들어 단백질이 안팎을 통과하려면 정해진 통로로만 가야죠. 바로 그런 통로 역할을 하는 게 바로 막에 박혀 있는 또 다른 단백질이고요. 아무튼 소포체의 막도 똑같은 구조예요. 그럼, 여기서 소포체가 어떻게 단백질을 운반하는지 다시 한 번 자세히 설명해 볼게요.

리보솜에서 단백질을 만들기 시작하면 일단 신호에 따라서 소포체로 갑니다. 그리고 단백질 자체는 소포체에서 완성이 됩니다. 물을 좋아하는 단백질은 소포체 내부에서 만들어지고, 물을 싫어하는 단백질은 소포체 막의 물을 싫어하는 부분에 박혀서 완성이 된 다음에 그곳에서 대기를 합니다.

이제 이렇게 만들어진 단백질을 포장하는 단계가 시작됩니다. 이 포장은 정말로 소포(vesicle)를 이용해요. 소포체 막이 단백질을 둥글게 감싸면서 소포를 형성한 다음에 이것이 막에서 떨어져 나가며 다른 곳으로 이동하는 거예요(membrane-enclosed vesicle). 아이들이 비눗방울을 만드는 거랑 비슷해요. 비눗방울이 부풀어 오르다가 공기 중으로 떨어져 나가잖아요?

그리고 이렇게 소포체에서 떨어져 나간 단백질을 감싼 소포는 세포 안의 또 다른 소기관인 골지체로 이동합니다. 그리고 골지체에서 세포 밖으로 나갈 단백질은 밖으로 나가고, 세포 안의 다른 소기관으로 갈 것은 제자리를 찾아가죠. 골지체에서 세포 밖으로 나가거나, 세포 안의 다른 소기관으로 이동할 때도 그 형태는 비눗방울과 흡사한 단백질을 감싼 소포고요.

이정모 골지체도 등장하네요. 여담인데, 세포 구조에서 골지체가 차지하는 비중이 크잖아요. 그래서 저는 대학교 다닐 때까지도 골지체가 '뼈 골(骨)', '기름 지(脂)' 이런 건 줄 알았어요.

송기원 저도요! (웃음) 그런데 사실은 1898년에 세포에서 이 구조를 처음으로 발견한 이탈리아의 카밀로 골지(Camillo Golgi)의 이름을 딴 것이죠. 골지체는 물질 운송을 총괄하는 중앙 우체국 같은 곳이라고 보면 좋을 것 같아요. 아무튼 여기서 다시 한 번 강조하고 싶은 중요한 얘기가 있어요. 리보솜, 소포체, 골지체를 거치며 상당히 먼 거리를 이동한 단백질은 놀랍게도 애초 정해진 곳으로 정확히 배달이 됩니다.

이런 정확한 배달이 가능한 이유가 있어요. 이미 골지체에서 소포를 포장할 때 어디로 가야 하는가의 정보를 집어넣어 정확하게 포장합니다. 또 단백질을 담은 소포가 운송되었을 때, 그것이 정확히 배달되었는지 확인하는 또 다른 단백질이 있어요. 일종의 송장이죠. 이 두 단백질이 딱 맞춤할 때만 배달이 끝나죠. 로스먼이 바로 이런 송장에 해당하는 스네어(SNARE) 단백질의 존재를 최초로 확인해 1994년에 발표했죠.

강양구 딱 들어맞는 비유는 아니겠지만, 어딘가로 배달될 단백질에는 열쇠(스네어 단백질)가 하나씩 달려 있어서, 그것과 맞춤한 자물쇠(또 다른 스네어 단백질)가 있는 곳으로만 이동을 한다고 이해해도 될까요? 만약에 그렇다면, 그건 너무나 비효율적이지 않나요? 단백질이 배달되는 동안 열쇠와 맞는 자물쇠를 여기저기 다 맞춰 보는 식이라면…….

송기원 두 스네어 단백질의 구조가 맞아야 배달이 완료되는 건 맞아요. 그런데 그렇게 열쇠에 맞는 자물쇠를 찾느라 이리 찔러 보고 저리 찔러 보지는 않아요. 상식적으로 생각해 봐도, 우리가 부산으로 택배를 보낼 때, 그것이 대전 찍고 광주 찍고 대구 찍어 보고 부산으로 가는 게 아니잖아요. 그냥 처음부터 부산으로 갑니다.

단백질 배달도 마찬가지예요. 처음부터 이건 서울, 이건 부산, 이건 광주 이렇게 다 포장 단계에서 정해져 있어요. 그리고 부산의 특정한 장소까지 가서 단백질을 내려놓을 때, 스네어 단백질이 자기랑 맞춤한 또 다른 스네어 단백질이 있는지 확인해서 배달을 완료합니다. 그럼, 어떻게 그렇게 자기랑 맞춤한 스네어 단백질이 있는 장소까지 한 번에 오느냐, 이게 궁금한 거죠?

왜 그런지는 아직 정확히 몰라요. 굉장히 중요한 질문이죠. 그리고 참 신비한 일이죠. 리보솜과 소포체에서 만들어진 단백질이 그 수많은 장소로 굉장히 효율적으로 시행착오 없이 정확히 이동하니까요. 그리고 보면, 블로벨이나 로스먼 등의 연구는 완벽한 대답이라기보다는 또 다른 질문을 준비하는 중간 답변이라고 볼 수 있죠.

저는 이런 질문을 던져 봐요. 진화 초기 단계의 생명체는 아주 간단한 구조였겠죠. 그런 단계에서는 비교적 단순한 단백질 물류 체계면 충분했을 거예요. 그러다 각각의 독립된 생명체였던 세포들이 서로 공생을 하면서 세포 안에 또 다른 세포 소기관이 있는 복잡한 세포(진핵 세포)로 진화했죠. 또 그 세포들이 모여서 다세포 생물이 되고요.

이런 상황에서 훨씬 더 복잡한 단백질 물류 체계가 필요했겠죠. 블로벨이 연구한 신호 단백질에 의존하는 수송 체계(signal-based targeting)에 더해서 로스먼 등이 연구한 소포체에서 소포로 포장해서 특정 장소로 보내는 또 다른 수송 체계(vesicle-based trafficking)가 추가된 것도 바로 이런 사정 탓이 아니었을까요?

이정모 지구의 역사가 약 46억 년인데, 불과 10억 년 전까지만 해도 아주 간단한 생명체로 가득했어요. 핵, 미토콘드리아, 소포체 등이 포함된 진핵 세포가 탄생한 게 약 10억 년 전이라고 하니까, 지난 10억 년 동안 정말로 엄청난 변화가 있었던 셈이죠. 진핵 세포들이 또 모여서 인간과 같은 다세포 생물로 진화했으니까요.

그 순간을 생각하면 참으로 경이로워요. 나중에 세포 내 소기관으로 진화할, 일면식도 없는 생명체들이 한곳에 모여서 세포(진핵 세포)로 살기로 한 거잖아요. 그 과정에서 당연히 과거에는 전혀 필요가 없었던 그들 사이의 커뮤니케이션, 그러니까 단백질 물류 체계 같은 것도 만들어졌을 테고요.

송기원 놀라운 일이죠. 더 놀라운 일은 다세포 생물의 경우에는 세포마다 저마다 다른 일을 하잖아요. 그런데 그렇게 저마다 다른 일을 하면서도 단백질 물류 체계는 놀랍도록 정교하게 조율이 되어 있다는 거예요. 아마도 이 세상에서 문제없이 제일 잘 유지되는 공동체가 바로 세포와 그들에 기반을 둔 생명체죠.

강양구 그러고 보면, 그런 진화 과정에서 각각의 것들이 어떻게 자기 욕망을 억제할 수 있었는지도 놀랍습니다.

송기원 맞아요. 마틴 노왁이 『초협력자』(허준석 옮김, 사이언스북스, 2012년)에서 암세포를 "극단적으로 이기적인 선택을 한 아이들"이라고 표현했죠. 만약에 세포의 구성 요소들이, 또 생명체를 구성하는 세포들이 저마다 이기적인 선택에만 몰두했다면 절대로 오늘날과 같은 생명의 진화는 없었겠죠.

참, 기왕에 스네어 단백질 얘기가 나왔으니 이 부분에서 쥐트호프의 연구도 짚고 넘어가는 게 좋겠어요. 쥐트호프는 신경 과학(Neuroscience)을 연구하는 과학자라서, 로스먼이나 셰크먼과 영역이 완전히 달라요. 신경 과학은 뇌를 구성하는 약 1000억 개의 뉴런과 우리 몸 구석구석에 퍼져 있는 신경 세포에 관심을 갖습니다.

그런데 이 엄청나게 많은 신경 세포는 전선처럼 한 가닥으로 이어져 있는 게 아니에요. 이 신경 세포가 약간씩 떨어져서 신호를 전달하면서 느끼고, 판단하고, 운동하는 기능을 수행합니다. 쥐트호프는 바로 이렇게 떨어져 있는 신경 세포가 어떻게 신호를 전달하는지에 관심을 가졌죠. 그런데 그 신호 전달이 다른 세포의 단백질 수송과 다를 바가 없었어요.

특히 쥐트호프는 꼭 필요한 특정 시점에만 신경 세포들 사이에 신호가 전달되는 과정을 파헤치려고 노력했죠. 아무 때나 신경 전달이 일어난다면 감각, 판단, 운동 기능이 엉망이 될 테니까요. 쥐트호프가 파악한 과정은 이렇습니다. 한 신경 세포에서 다른 신경 세포를 자극할 신경 전달 물질을 소포체에서 소포로 포장을 해서, 신경 세포 안에 모아 놓습니다.

신경 세포 안으로 칼슘 이온(Ca^{2+})이 분비되면, 그 신호에 따라서 이 소포가 세포막에 붙게 되면서 안에 가지고 있던 신경 전달 물질을 외부로 방출해요. 칼슘 이온이 신호 전달 시점, 즉 소포로 포장된 단백질을 세포막까지 배달해서 세포 밖으로 방출할 시점을 결정한다는 사실을 확인한 부분이 쥐트호프의 독창적인 기여죠. 그런데 이때 소포가 신경 전달 물질을 정확한 지점에 배달해야 하잖아요? 그때 역할을 하는 것이 바로 로스먼의 스네어 단백질입니다.

실제로 뇌에서 어떤 일이 일어나는지 보려면 정말로 큰 규모의 네트워크에 관심을 가져야 한다는 결론이 나오죠.

이명현 단백질 물류 체계는 신경 세포를 포함한 모든 세포에서 기본 원리는 같군요.

송기원 쥐트호프의 연구는 바로 그 점을 보여 줬죠. 아, 여기서 재밌는 얘기를 하나 더 하죠. 보톡스 아시죠?

이정모 얼굴 빵빵하게 하는 보톡스 성형 수술, 아니, 성형 시술이라 해야 정확한가요? (웃음) 원래 어떤 박테리아(*Clostridium botulinum*)의 독인 보툴리눔 톡신(botulinum toxin)을 이용한 거잖아요.

송기원 보툴리눔 톡신은 굉장히 강력한 독이죠. 그런데 이 독이 바로 신경 전달 물질을 운반할 때, 소포와 세포막의 스네어 단백질이 서로를 인지하는 걸 방해해요. 만나야 할 스네어 단백질이 만날 수 없으니, 신경 전달 물질이 분비가 안 되고, 결국 신경 세포 간의 신호 전달이 끊기죠. 신경 세포의 네트워크가 망가지면 어떻게 되겠어요? 죽게 되죠. 무섭죠.

그런데 보톡스 시술은 얼굴의 아주 작은 국소 부위에 이 독을 집어넣어서 신경 전달을 막아요. 그럼 신경 세포 간의 네트워크가 끊겨서 그 부분이 마비됩니다. 마비의 효과로 그 부분을 찡그릴 수 없게 되어 주름살이 펴진 걸로 보이죠. 글쎄요. 많은 사람들이 용감하게 시술을 받는데, 그런 시술을 오랫동안 받아도 과연 의사들의 주장처럼 아무런 부작용이 없을지는 확신이 안 서네요. (웃음)

2008년 노벨 화학상, 그 비극의 주인공

강양구 여기서 다음 얘기로 넘어가기 전에 로스먼이 단백질의 물류 수송 체계를 어떻게 확인할 수 있었는지 간단히 짚어 보면 어떨까요? 실험 방법이랄까.

송기원 혹시 '형광 단백질(Green Fluorescent Protein, GFP)' 알아요? 형광 녹색을 띤 쥐 사진이 유명한데…….

이정모 애초 해파리에서 발견한 형광 단백질이잖아요? 2008년에 GFP를 발견한 공로로 일본과 미국의 과학자 세 사람이 노벨 화학상을 받았었죠.

송기원 일본의 시모무라 오사무, 미국의 마틴 챌피, 로저 첸, 이 세 과학자가 공동으로 수상했죠. 이 GFP는 해파리의 한 종(*Aequorea victoria*)에 들어 있던 단백질이에요. 해파리는 바다에서 빛을 내잖아요? 시모무라가 1962년 해파리에서 이 단백질을 처음 추출했죠. 그리고 챌피와 첸은 이 GFP 유전자를 이용해서 단백질의 활동을 추적, 관찰할 수 있는 길을 열었죠.

아까 했던 얘기가 다시 한 번 반복되죠? 우리나라에서 해파리 빛을 연구하는 데 연구비를 대 줄 정부나 기업이 어디 있겠어요. 그런데 바로 이런 연구가 축적되면서 과학 연구를 혁신할 수 있는 굉장히 실용적인 실험 기법이 등장했잖아요. 다들 목매는 노벨상도 덤으로 받고요. 참, 노벨상 얘기가 나와서 하는 말인데, 2008년 노벨 화학상에는 가슴 아픈 사연도 있어요.

강양구 노벨상을 받은 사람 중에서요?

송기원 아니요. GFP와 관련해서 마땅히 노벨상을 받아야 할 과학자가 그러지 못했죠. 빛을 내는 GFP 유전자에 주목해서 1992년에 그것을 처음으로 분리하는 데 성공한 사람은 더글러스 프레이셔였죠. 그런데 연구비 지원이 중단되는 등의 불운이 겹치면서 그는 결국 과학계를 떠나야 했습니다.

2008년에 노벨 화학상 결과가 발표될 때, 프레이셔는 미국 앨라배마 주 헌츠빌의 도요타 매장에서 시간당 8.5달러를 받고서 셔틀버스를 운전하고 있었어요. 그날 노벨상을 받은 이들 중에는 프레이셔가 연구를 중단하면서 그 결과를 넘겨준 챌피와 첸이 포함되어 있었죠. 그들 역시 프레이셔가 공동 수상을 하지 못한 것에 대해 아쉬움을 공개적으로 표시했고요.

이정모 GFP 연구가 노벨상을 받을 수 있을 정도의 연구로 발전하는 데 결정적인 기여를 한 사람이 누락됐네요.

강양구 방금 얼른 인터넷을 뒤져 봤어요. 그나마 다행스러운 일은 프레이셔가 2010년 7월부터 결국 과학계로 다시 돌아왔네요. 2012년부터는 아예 캘리포니아 대학교 샌디에이고 캠퍼스의 첸의 연구실에 합류를 했군요. 아마도 노벨상을 받은 첸이 프레이셔에 대한 보답으로 공동 연구를 하게 된 게 아닌가 싶습니다.

송기원 과학자가 경력이 단절되면 다시 돌아오기 굉장히 힘든데, 그나마 잘된 일이군요. 아무튼 과학에도 이렇게 인간의 희비극이 다 존재하는 것 같아요. 프레이셔의 연구가 중단되지만 않았다면 분명히 2008년 노벨상을 받는 자리에 그도 있었을 테니까요. 아무튼 다시 GFP로 돌아올까요.

우리가 관찰하려는 단백질의 유전자에다 GFP 유전자를 삽입하면 단백질에 형광색 꼬리표가 붙어요. 그 형광색 꼬리표를 추적하면 단백질이 세포 안팎에서 시간별로 어디로 이동하는지를 계속해서 추적할 수 있어요. 그래서 지금은 단백질이 어떻게 이동하는지 굉장히 쉽게 확인할 수 있습니다.

그런데 정작 로스먼이 연구를 할 때는 GFP를 이용한 이런 방법이 아직 실용화되지 않았어요. 그는 고생을 많이 했죠. 단백질의 구성 요소는 아미노산이잖아요. 아미노산 중에서 시스테인은 황(S)을 포함하고 있어요. 이 시스테인의 황을 추적이 가능한 방사성 황(^{35}S)으로 교체하면 그것이 포함된 단백질의 이동 경로를 확인할 수 있겠죠.

로스먼은 세포에 공급하는 영양분에 방사성 황이 포함된 시스테인을 시간차를 두고서 공급하는 방법을 썼어요. 아주 잠깐 방사성 황이 포함된 시스테인을 공급하고 나서 그것이 포함된 단백질이 세포 안에서 시간이 흐름에 따라 위치가 어떻게 바뀌는지 확인한 거예요. 말로만 들어도 굉장히 힘들었을 것 같죠? (웃음)

이명현 여기서 노벨상을 공동으로 받은 셰크먼도 연구를 어떻게 했는지 살펴보죠.

송기원 셰크먼도 로스먼과 똑같은 질문을 던지며 연구를 시작했죠. 흥미롭게도 셰크먼은 생화학이 배경이었음에도 로스먼과는 다르게 유전학적인 접근을 했어요. 즉 세포에서 단백질 물류 체계에 어떤 유전자가 역할을 하는지 추적한 거예요. 그리고 그 결과는 로스먼의 연구를 유전학적으로 뒷받침합니다.

셰크먼의 방법은 이렇습니다. 우리가 서울에서 부산으로 가는 데 특정한 길에서 갑자기 교통 체증이 생겨요. 그렇다면, 그곳에서 교통 사고 같은 문제가 있다고 생각하고 관심을 가지잖아요. 이런 접근을 응용해 볼 수 있겠죠. 세포의 유전체에 무작위적으로 돌연변이를 일으킨 후 그중에서 물류 수송에 문제가 있는 것을 골라내서 어느 유전자에 이상이 있나 조사해 보는 거죠. 그 돌연변이를 정상 세포와 비교하면, 단백질 수송 과정의 어디에서 문제가 일어났는지 알 수 있죠.

예를 들어, 셰크먼은 빵을 부풀릴 때 사용하는 이스트(yeast)를 이용했어요. 이스트는 전체 유전자가 6,000개 정도밖에 안 되는 간단한 단세포 생물입니다.

또 이스트가 성장하고 자신의 DNA를 복제해서 분열하는 과정(이것을 세포 주기라고 하지요.)이 인간 세포와 흡사해요. 그런데 그 시간은 고작 2~3시간이면 충분하죠. 그래서 셰크먼처럼 이스트를 연구에 이용하는 과학자들이 많습니다.

구체적인 실험 방법은 이래요. 유전자의 A 부분이 망가진 이스트 돌연변이를 관찰했더니 단백질이 소포체에서만 축적되고 더 이상 이동을 못하는 거예요. B 부분이 변형된 돌연변이는 단백질이 소포체에서 소포로 포장이 되어서 나오긴 했는데 골지체로 가지 못하죠. C 부분에 돌연변이가 생긴 변이체는 단백질이 골지체까지는 가는데 세포 밖으로 나가지는 못하고요.

대충 감이 오죠? 셰크먼은 이런 실험을 반복함으로써 세포 안에서 단백질 수송, 특히 소포체에서 소포로 포장을 해서 단백질을 운반하는 과정을 통제하고 조절하는 여러 유전자를 찾았습니다. 그리고 나중에 그 유전자가 도대체 어떤 단백질과 짝을 이루는지 찾아봤죠. 결과가 어땠을까요?

강양구 로스먼이 찾은 단백질과 셰크먼이 찾은 유전자가 짝을 이뤘군요.

송기원 맞아요. 절묘하게 로스먼과 셰크먼이 역할 분담을 한 거죠.

다시, 생명이란 무엇인가?

이정모 셰크먼도 고생 꽤나 했을 것 같네요. (웃음) 요즘엔 굳이 그렇게 하지 않아도 GFP를 이용해서 단백질의 이동 과정을 시각적으로 볼 수 있죠?

송기원 맞아요. 살아 있는 세포에서 형광색 꼬리표가 붙은 단백질이 어떻게 이동하는지 실시간으로 확인할 수 있어요. 그러니 우리는 지금 로스먼이나 셰크먼이 했던 방법과 비교하면 연구를 훨씬 더 쉽게 할 수 있는 강력한 도구를 가지고 있는 셈이죠. 더구나 이렇게 눈으로 보여 줄 수 있으니, 사람들에게 연구 결과를 이해시키는 데도 큰 도움이 되고요.

옛날 얘기를 하나 덧붙이면, 제가 공부를 할 때만 해도 흑백 현미경으로 사진을 찍은 다음에 암실에서 현상을 직접 했어요. 그래서 박사 과정 공부를 하면서 속으로 이런 생각도 했었죠. '아, 내가 과학을 그만두면 여기서 배운 것 중에 먹고사는 데 도움이 되는 건 암실에서 사진 현상하는 기술뿐이겠구나.' 그런데 지금 그런 기술은 어디서도 쓸모가 없게 됐죠. (웃음)

이정모 디지털 카메라의 유행 때문에 암실 자체가 없어졌으니까요.

송기원 이제 모든 이미지 처리는 컴퓨터를 활용하죠. 이렇게 컴퓨터 같은 편리한 도구를 활용하면서, 예전에는 답할 수 없었던 많은 질문의 답을 찾게 됐죠. 그런데 한편으로는 이런 근본적인 질문도 생겨요. '이렇게 자세히 들여다보는 일이 우리가 생명을 이해하는 데 과연 도움이 되는 건가, 나무에만 집중하면서 숲을 보지 못하는 건 아닌가?'

이명현 바로 그 대목에서 물리학이 치고 들어오죠. 예를 들어, 물리학자는 뇌의 경우에도 뉴런 하나가 어떻게 움직이는지는 관심이 없어요. 그들은 그 뉴런이 연결된 네트워크에 주목할 때 오히려 뇌의 비밀을 더 잘 알 수 있으리라고 믿죠. 그러니까 세포 하나의 기능을 알아봤자, 그 세포가 연결되어 나타나는 생명 현상을 이해하는 데는 한계가 있으리라는 지적이죠.

송기원 네, 충분히 일리 있는 접근이죠. 그런데 막상 그런 접근을 하는 과학자와 협업을 해 보면 또 다른 장애물이 나타나요. 그들이 큰 그림을 그리려면 정확한 데이터가 많이 필요해요. 그래야 뭔가 의미 있는 그림을 그릴 수 있으니까요. 그래서 그들은 자꾸 저 같은 과학자에게 더 정확한 데이터를 요구합니다. 그것도 많이요. (웃음)

이정모 정확한 데이터가 많아지면 모델이 정교해질 테고, 또 정교한 모델이 있으면 새로운 데이터를 찾기 쉬워지겠죠. 양쪽이 다 중요하다고 결론을 내려야 하지 않을까요?

이명현 그게 임계점이 있는 것 같아요. 예를 들어, 천문학에서도 우주가 탄생해서 성장하는 과정을 시뮬레이션합니다. 옛날에는 100만 개 정도의 입자를 가지고 했는데, 지금은 1조 개 정도의 입자를 넣어서 시뮬레이션을 해요. 이 정도 숫자면 실제 우주의 그것과 거의 맞먹는 숫자예요.

그렇게 시뮬레이션을 해 보면 전혀 생각지 못했던 새로운 현상이 나타나는 걸 볼 수 있어요. 100만 개와 1조 개의 차이는 단지 규모의 차이가 아닌 거죠. 어떤 임계점이 지나면 작은 규모에서는 볼 수 없었던 전혀 새로운 현상이 나타나니까요. 그러니까 실제로 뇌에서 어떤 일이 일어나는지 보려면 정말로 큰 규모의 네트워크에 관심을 가져야 한다는 결론이 나오죠.

송기원 그런 단계로 가야죠. 그런데 지금 생명 현상을 놓고 우리가 가지고 있는 데이터가 그런 큰 그림을 그릴 수 있는 임계점을 넘어섰을까요? 아니죠. 지금 나무뿐만 아니라 숲을 보려는 노력이 필요한 것도 이 때문입니다. 분명히 생명 현상과 관련해서 우리가 아직 던지지 못한 질문이 있을 테니까요.

그런 질문을 던지고 그에 대한 답을 찾는 과정에서 새로운 데이터가 축적되고, 이런 과정이 수없이 반복되고 나서야 비로소 생명 현상에 대한 큰 그림을 그릴 수 있지 않을까요? 그런 점에서 볼 때 생명 현상을 놓고서, 이미 데이터는 나올 만큼 나왔으니 그 데이터로 이제 그림을 그려 보자, 이렇게 접근하는 건 성급하다고 생각해요.

이정모 다시 말하지만, 둘 다 중요해요. 이 문제는 이렇게 결론을 내리죠. (웃음)

강양구 약간 상상력을 발휘해도 되는 시간인 것 같으니, 좀 엉뚱한 질문을 하나 해도 될까요? 어쨌든 지금 과학자들은 세포와 세포 또 세포 내 소기관의 소통 수단, 그러니까 생명 현상을 가능하게 하는 유일한 소통 수단을 단백질이라고 보는 거죠? 그런데 혹시 단백질 말고 다른 게 있을 가능성은 없나요?

물 때문에 세포나
세포 소기관을 감싸고
있는 막도 독특한
구조로 이뤄져 있죠.

송기원 글쎄요. 어떤 게 가능할까요?

이명현 로저 펜로즈 같은 물리학자는 생명 현상의 근원에서 양자 역학이 어떤 역할을 할 수도 있다고 얘기하죠. 단백질보다 훨씬 작은 단위에서 양자 역학에 기반을 둔 상호 작용이 중요한 역할을 하고 있을 수도 있습니다. 사실 이 아이디어는 양자 역학의 창시자 중 하나인 에르빈 슈뢰딩거가 반세기 전에 『생명이란 무엇인가』(전대호 옮김, 궁리, 2007년)에서 이미 단초를 제공했고요.

이정모 그건 너무 복잡하죠. 단백질은 20개 아미노산의 조합으로 수많은 구조를 만듭니다. 또 그런 구조가 가능하게 하는 것이 바로 수소 결합이죠. 그런데 마침 생명체는 물로 구성되어 있어서 그런 수소 결합이 가능한 공간을 만들어 줍니다. 수소 결합에 기반을 둔 단백질이나 핵산(DNA)의 상호 작용의 결과가 생명 현상이라는 이런 설명이 훨씬 단순명료하죠.

송기원 이런 질문을 한 번 던져 보죠. '처음에 어떻게 생명이 탄생했을까?' 우리는 이미 존재하는 생명 현상을 설명하는 데는, 여전히 남아 있는 질문이 많지만 어느 정도 성공했는데 정작 그 생명 현상이 어떻게 출현했는지를 놓고서는 사실상 백지 상태예요. 펜로즈의 주장은 바로 이런 질문에 답하는 데 의미가 있을 수는 있겠어요.

사실 생명 현상은 어떻게 보면 이정모 선생님이 얘기한 것처럼 단순명료하고, 또 어떻게 보면 펜로즈나 이명현 선생님이 얘기하는 것처럼 정말로 복잡해요. 생명 현상을 관찰하다 보면, 보편적인 물리 법칙의 통제를 받는 것처럼 보이다가도, 그런 물리 법칙으로 명쾌하게 설명이 되지 않는 그런 순간이 있거든요.

물리학자인 슈뢰딩거가 '생명이란 무엇인가'라는 화두를 반세기도 더 전에 던졌잖아요? 저는 생명 현상에 대해서 뭔가 알아 가는 것 같은 지금 이 순간에 다시 그 질문을 던져야 한다고 생각해요. 특히 생명 현상을 직접 연구하는 생물학자, 생화학자 같은 과학자들이 그런 근본적인 질문을 자주 던지고, 답을 찾으려고 노력해야죠. 물론 현실은 정반대지만요.

본성과 환경, 생물학의 대답은?

이명현 송기원 선생님이 오늘 여러 차례 근본적인 질문의 중요성을 강조했으니까요. (웃음) 일단 단백질을 중심으로 생명 현상의 비밀을 파헤치려는 과학자들의 노력을 살펴봤잖아요. 그런데 요즘 세포를 놓고서 과학자들이 주로 던지는 질문은 무엇이고, 또 어떤 답들을 내놓고 있나요?

송기원 사실 생로병사가 다 문제죠. (웃음) 요즘에는 그중에서도 특히 세포의 노화에 관심이 많아요. 그러고 보니, 인간 세상에서도 노화가 뜨거운 이슈니 묘하게 통하는 면이 있네요.

강양구 2012년에는 줄기세포 연구, 특히 일본의 야마나카 신야를 대표로 하는 역분화 줄기세포(Induced Pluripotent Stem Cell, iPSC)가 노벨 생리 의학상을 받았죠.

송기원 아, 그 대목부터 설명을 해 보죠. 앞에서도 잠시 언급했지만, 우리 몸을 구성하는 세포는 저마다 유전 정보 한 벌을 고스란히 가지고 있어요. 그 유전 정보가 A4 용지 10쪽을 빼곡히 채우며 쓰여 있다고 가정합시다. 난자와 정자가 만나고 나서 만들어진 수정란일 때는 그 10쪽에 실린 모든 유전 정보는 사용 가능한 상태죠.

그런데 수정란이 아기가 되는 과정은 이 10쪽에 실린 유전 정보에 스티커를 붙여서 가리는 과정이에요. 각각의 세포마다 자기의 역할이 따로 있으니까요. 어떤 세포는 맨 앞 장 셋째 줄만 남겨 놓고, 다른 세포는 맨 뒷장 끝줄만 남겨 놓죠. 이렇게 자신이 가지고 있는 유전 정보를 계속 가리면서 세포는 비로소 자신의 고유한 정체성을 획득합니다.

이정모 그 과정이 바로 '분화(differentiation)'죠.

송기원 맞아요. 그런데 역분화 줄기세포는 그렇게 가려진 유전 정보의 스티커를 다시 떼는 거예요. 그렇게 스티커를 떼 애초의 유전 정보를 열어서 그 세포가 마치 처음에 그랬던 상태로 돌려놓는 거죠. 역분화 줄기세포를 놓고서 가끔 '생체 시계를 돌린다.' 이런 표현을 쓰는데, 그건 굉장히 비유적인 표현인 거죠.

이정모 후성 유전학과도 관계된 얘기죠? 후성 유전학도 요즘 생명 과학의 핫 이슈잖아요.

송기원 후성 유전학은 이런 겁니다. 세포의 유전 정보는 핵 안에 들어 있는 DNA에 들어 있죠. 그런데 세포의 크기가 고작 100마이크로미터(1마이크로미터는 10^{-6}미터) 정도인데, 그보다 훨씬 작은 핵 속에 들어 있는 DNA의 길이는 2미터나 됩니다. 그러니 이 DNA가 얼마나 뭉치고 꼬여야 되겠어요. 털실을 돌돌 말고, 꽉꽉 모은 걸 상상해 보세요.

이렇게 DNA를 꼬기 위해서 여러 단백질이 거기에 붙어요. 히스톤 같은 단백질이 대표적이죠. 이런 단백질의 기능 중 하나가 바로 스티커예요. 유전 정보 중에서 이 세포에게는 필요 없는 부분을 단백질이 스티커처럼 붙어서 가리는 거예요. 그럼, 여기서 우리는 중요한 인식의 전환을 하게 되죠.

우리는 계속해서 유전 정보 자체, 그러니까 DNA 염기 서열을 중요하게 생각해 왔죠. 맞아요. 유전 정보는 중요해요. 그런데 특정한 유전 정보를 가리는 역할을 하는 단백질은 어떨까요? 이런 단백질이 제 기능을 하지 못하면 그 세포는 자기 정체성을 찾지 못하고 문제를 일으키죠. 바로 이런 단백질에 초점을 맞추는 게 바로 후성 유전학입니다.

이정모 여기서 바보 같은 질문을 하나 던져 보죠. 손가락 끝에 있는 세포나, 눈에 있는 세포나 똑같은 유전 정보를 가지고 있잖아요? 여전히 신기한 게, 어떻게 손가락 끝에 있는 세포는 손가락이 되고 눈에 있는 세포는 눈이 되었을까요? 후성 유전학이 관심을 가지는 것도 바로 그런 대목이죠?

송기원 맞아요. 손가락 끝에 있는 세포는 자기 정체성을 홀로 찾는 게 아니에요. 옆에 있는 세포들이랑 발생 과정에서 계속해서 상호 작용을 하면서, 자기 정체성을 찾아가는 거죠. 그 과정에서 유전 정보 중에서 가려야 할 것들은 가리죠. 즉 세포가 자기 정체성을 찾을 때 중요한 것은 밖에서 오는 정보예요. 후성 유전학의 관점이 중요한 것도 이 때문이죠.

강양구 그 상호 작용의 매개 수단이 바로 단백질이고요.

송기원 그렇죠. 곁에 있는 세포끼리 이런 식의 대화를 계속 나누는 거예요. '난 손가락이 되려고 하는데, 넌 어때?' '나도 마찬가지야.' 만약 우리가 그런 세포 사이의 대화를 완전히 이해하면, 세포의 분화를 완벽히 통제할 수 있겠죠. 그러니까 세포를 자유자재로 조작해서 손가락도 만들고, 눈도 만들고, 신경 세포도 만들고.

강양구 지금 줄기세포를 연구하는 과학자들이 대중에게 펼쳐 보이는 장밋빛 미래죠.

이정모 후성 유전학이 새삼 주목을 받는 것도 그 때문이고요.

송기원 그런데 찬물을 끼얹어야겠네요. 참으로 시간이 오래 걸리는 일이라고 생각해요. 사실 후성 유전학은 파고들수록 복잡하거든요. 왜냐하면, 그렇게 특정 세포가 유전 정보를 가리고 다시 여는 일에 단지 옆의 세포만 관여하는 게 아니에요. 우리가 말 그대로 '환경'이라고 부르는 모든 게 영향을 줄 수 있어요.

예를 들어, 우리가 스트레스를 많이 받느냐, 담배를 피우느냐, 단 걸 자주 먹느냐, 화학 물질에 얼마나 노출이 되느냐, 전자파에 얼마나 노출이 되느냐 등과 같은 모든 것들이 유전 정보를 가리고 복구하는 데 영향을 미칠 수 있어요. 그러니까, 후성 유전학은 생명 현상과 관련해서 우리가 고려해야 할 것들의 폭을 훨씬 넓혀 놓은 거죠.

이정모 거칠게 얘기하면, 본성(유전자) 만큼이나 양육(환경)도 중요하다?

송기원 와! 벌써 10년이 넘었네요. 2003년에 인간 유전체 프로젝트가 끝났을 때만 하더라도 《네이처》, 《사이언스》를 비롯한 과학계에서는 마치 생명 현상의 비밀이 당장이라도 밝혀질 것처럼 난리법석을 떨었죠. 그때도 저는 "유전자만큼이나 그 유전 정보를 가리고, 여는 것이 30~40퍼센트 정도나 중요하다."라고 얘기했었죠.

강양구 우리가 암을 여전히 통제하지 못하는 것도 바로 후성 유전학의 문제

의식과 연관이 있네요.

송기원 맞아요. 암세포야말로 주변의 세포와 상호 작용하기를 포기하고 자기를 놓아 버린 애들이니까요. 사람들은 암세포를 유발하는 특정한 유전자가 따로 있는 것처럼 생각하곤 하죠. 그렇지 않아요. 흔히 언론에 암 발생 유전자라고 나오는 것은 사실 생명을 유지하는 데 중요한 유전자들이에요. 이런 유전자들이 어떤 계기로 삐딱해져서 암세포가 되는 거예요.

강양구 그렇게 정상 세포를 암세포로 삐딱하게 만드는 데 수많은 환경 요인이 작용한다는 건 이젠 상식이죠. 역시 후성 유전학과 통하네요.

불로장생이 불가능한 진짜 이유

이명현 노화에 대한 연구는 좀 진척이 있나요? 그 얘기를 마저 해 보죠. 텔로미어(telomere)가 과학자들 사이에서 언급된 지 꽤 시간이 지났잖아요.

이정모 벌써 10년이 넘었죠. 2009년에 텔로미어 연구로 엘리자베스 블랙번, 잭 쇼스택, 캐럴 그라이더, 이렇게 세 사람이 노벨 생리 의학상도 받았고요. 우선 텔로미어가 뭔지 가르쳐 주세요. 텔로미어는 그리스 어로 '끝(*telos*)'과 '부분(*meros*)'의 합성어죠. 말 그대로 하면 끝부분이죠?

송기원 DNA가 세포의 핵 안에서 꼬여 있다고 했잖아요. DNA가 꼬여 있는 걸 염색체라고 합니다. 'X 염색체', 'Y 염색체' 할 때의 그 '염색체'요. 그런데 그 염색체의 끝부분에 특별한 기능을 하지 않는 똑같은 DNA 염기 서열이 반복적으로 존재해요. 사람의 경우에는 여섯 개의 염기 서열(TTAGGC)이 1,000번 이상 반복되죠. 도대체 이 텔로미어가 하는 역할이 뭘까요?

강양구 텔로미어를 신발 끈 끝에 붙은 플라스틱 마개에 비유하곤 하더군요.

송기원 네, 그런 비유를 많이 하죠. 사실 이 텔로미어는 굉장히 중요해요. 우리 몸속의 세포는 끊임없이 분열을 하면서 유전 정보 한 벌을 가진 자신의 DNA를 복제하죠? 이 과정에서 염색체의 끝이 조금씩 닳아 없어져요. 이때 의미 있는 유전 정보를 담은 DNA 염기 서열 대신에 이 텔로미어가 조금씩 줄어듭니다. 플라스틱 마개가 신발 끈 닳는 걸 막듯이 말이죠.

강양구 그런데 결국은 신발 끈의 플라스틱 마개도 오래 신으면 헤지잖아요.

송기원 그렇죠. 텔로미어도 세포 분열이 반복될수록 짧아질 수밖에 없죠. 그래서 이 텔로미어의 길이와 노화의 관계에 초점을 맞춘 연구가 많았죠. '텔로미어의 길이가 짧아질수록 노화가 진행되어 수명도 짧아진다.'라고 생각한 거죠. 그런데 세포의 텔로미어가 시간이 지날수록 무조건 짧아지는 게 아니에요. 세포가 새롭게 텔로미어를 만들기도 합니다.

2009년에 노벨상을 받은 블랙번 등이 바로 텔로미어를 합성하는 단백질 텔로머라아제(telomerase)를 발견했어요. 이 텔로머라아제가 없으면 텔로미어가 짧아져서 결국은 유전 정보를 담은 염색체(DNA)가 손상이 되겠죠. 그런데 유전체 손상이 있으면 절대 안 되는 세포들, 특히 생식 세포나 줄기세포 등에서는 텔로머라아제가 텔로미어를 합성하면서 이런 염색체 손상을 막고 있죠.

물론 정상 세포가 고장 나 암세포가 되는 과정에서 텔로머라아제가 활성화되어 텔로미어의 길이를 계속해서 늘려 주기도 합니다. 암세포가 죽지 않고 계속 성장하는 것과 텔로머라아제의 관계를 짐작케 하는 대목이죠.

이정모 사실 그런 부분이 상상력을 자극하잖아요. '텔로머라아제를 조절해서 텔로미어를 합성하면 늙지 않고 영원히 산다는 건가?' 혹은 '염색체 끝의 텔로미어 길이를 재면 얼마나 오래 살지 예측할 수 있나?' 등. 실제로 그런 가능성을 염두에 두고 연구하는 과학자도 있고, 또 수명 예측 서비스를 내세우는 기업도 나타났잖아요.

송기원 그럴듯해 보이죠? 텔로미어에 주목하기 시작한 것도 아기, 성인, 노인한테서 세포를 떼서 배양해 봤더니 염색체 끝부분의 길이가 다 달라서였으니까요. 그런데 상당수 과학자는 텔로미어와 노화를 직접 연결시키는 이런 접근에 회의적이에요. 당장 텔로미어 길이가 짧아지더라도 수명에 별다른 영향을 주지 않는 경우도 있거든요. 이건 어떻게 설명할까요?

노화는 텔로미어 하나로 환원할 수 없는 굉장히 복잡한 생명 현상이에요. 사실 인간을 비롯한 생명체는 늙을 수밖에 없어요. 생명을 유지하려면 포도당을 쪼개고 돌려서 에너지원(ATP)을 만들어야 합니다. 이때 산소가 꼭 필요해요. 그런데 이 과정에서 끊임없이 활성 산소(oxygen free radical)가 만들어집니다.

이 활성 산소는 공기 중의 산소와는 달리 굉장히 불안정해요. 다른 말로 하면 산화력이 셉니다. 그래서 수소를 만나서 물이 되기 전까지 자신이 안정해지려고 몸속의 세포나 조직을 공격합니다. 생명을 유지하는 과정에서 끊임없이 활성 산소가 만들어지고, 그것은 계속해서 몸속에 피해를 줍니다. 그 피해가 일정 수준 이상 축적이 되면 생명체는 더 이상 견딜 수 없게 되죠.

이명현 그게 바로 죽음이죠.

이정모 그러니 복제가 필요한 거예요. 박테리아(세균)의 세상살이가 그렇잖아요. '내 몸은 더 이상 견딜 수가 없다. 그러니 이젠 내 몸을 복제해서 네가 살아

라.' (웃음)

강양구 SF 팬들 사이에서 인기 있는 작가 중에 존 스컬지가 있어요. 그의 데뷔작이 『노인의 전쟁』(이수현 옮김, 샘터, 2009년)인데요. 이 소설은 먼 미래에 다른 외계 생명체와 접촉하면서 우주 개발을 수행하는 군인들이 주인공입니다. 그런데 그 군인들을 모집하는 방식이 참으로 참신해요. 항상 살 만큼 산 70세 이상한테만 자원을 받거든요. 그래서 '노인의 전쟁'이죠.

다들 궁금해 합니다. 도대체 자기 몸도 제대로 가누지 못하는 남녀 노인들을 모아다 우주에서 어디다 쓰는 걸까? 그 답이 바로 복제죠. 자원자의 세포를 채취해서 클론을 만드는 거예요. 물론 소설 속에서는 그냥 복제하는 것도 아니고 우주에서 수행할 임무에 맞춰 유전자 조작까지 하는 걸로 나옵니다만.

송기원 클론이요? (웃음)

강양구 네, 물론 SF이니 그 클론에 원본의 기억을 그대로 복제한다는 설정이 뒤따르죠. 아무튼 이 소설은 복제로 신체를 바꾸는 극단적인 방법이 아니고서는 신체의 노화를 극복하는 건 불가능하다는 설정을 내세워서 흥미로웠어요. 사실 진시황 때부터 읊은 불로장생은 너무나 식상하잖아요? (웃음)

송기원 불로장생은 불가능해요. (웃음) 텔로미어, 활성 산소 외에도 과학자들이 노화와 관련 있는 단백질도 많이 찾았어요. 그런데 이 단백질도 알고 봤더니 아까 얘기한 유전 정보를 가리는 스티커와 관계가 있어요. 그러니까 이런 식의 설명이 가능하죠. 어느 시점이 되면 단백질이 세포의 유전 정보를 더 많이 가리기 시작해서 그 정체성을 망가뜨리죠. 그게 바로 노화고요.

이정모 거의 모든 연구 결과가 후성 유전학과 연결이 되네요. 환경이 중요하다!

송기원 그러고 보니, 텔로머라아제를 발견한 블랙번이 뭘 하고 있는 줄 아세요? 바로 심리학자와 공동 연구를 진행하더군요. 그러니까 분노, 화를 내고 안 내고가 텔로머라아제의 분비를 조절하는 데 영향을 준다는 거예요. 기분이 좋으면 젊어 보이잖아요? 실제로 즐겁게 사는 이들이 훨씬 더 젊어 보이고요. 그런 게 텔로머라아제나 텔로미어와 관계가 있다니까요.

노화는 이렇게 복잡해요. 세포의 노화와 텔로미어가 연관이 있는 건 분명해 보여요. 그런데 그런 세포의 노화에 영향을 주는 요인은 세포 안의 활성 산소부터 스트레스와 같은 개체가 처한 환경까지 굉장히 다양합니다. 더구나 세포의 노화가 개체의 노화와 어떻게 연결되는지는 또 다른 문제고요. 그러니 텔로미어 하나로 노화를 설명하는 게 얼마나 단순한 접근인가요?

아름다운 죽음

강양구 그런데 항상 궁금한 게 있습니다. 어떤 이들에게는 『특이점이 온다』(김명남·장시형 옮김, 김영사, 2007년) 같은 책으로 과학의 '구루(guru)' 대접을 받는 할아버지가 한 명 있어요. 레이 커즈와일인데요. (저는 절대로 동의할 수 없지만 말이죠.) 그가 쓴 책 중에 『영원히 사는 법』(김희원 옮김, 승산, 2011년)을 읽고서 한참 웃었었죠.

1948년생인 이 할아버지는 21세기 중반(2034년쯤)까지만 버티면 인공 장기가 기존 장기를 대체하고, 세포 크기의 로봇인 나노봇이 몸속의 대사 작용을 관장해 인간의 수명이 비약적으로 늘어나리라고 호언장담해요. 그러니 『영원히 사는 법』은 바로 21세기 중반까지 어떻게 버틸 수 있을지 건강 비법을 알려 주는 일종의 자기 계발서입니다.

그런데 그 건강 비법이라는 게 정말 기막혀요. 때 되면 활성 산소의 부작용을 막는 데 기여하는 비타민을 챙겨 먹고, 나이가 들면서 부족할 수 있는 몸속 대사 작용에 관계하는 영양소를 영양제를 통해서 보충하고, 운동을 꼬박꼬박하고 스트레스를 덜 받고……. 심지어 헤어드라이어, 전기 면도기도 전자파 때문에 가능한 한 사용 시간을 짧게 하라고 권고합니다.

전자파가 무서워서 헤어드라이어, 전기 면도기 사용 시간도 걱정하는 사람이 나중에 몸속에 인공 장기, 나노봇을 넣고 어떻게 살겠다는 건지. (웃음) 이 책은 저자의 의도와 다른 교훈을 독자에게 주죠. 건강하게 오래 살려면 과학 기술이 아니라 고대로부터 내려오는 지혜를 따를 것! 잘 먹고, 잘 자고, 잘 살고 등.

그런데 제가 이 책을 읽으면서 진짜 궁금했던 것은 이런 질문이었어요. '도대체 왜 인간은 그렇게 오래 사는 데 집착할까?' 우리는 왜 오래 살아야죠? (웃음)

이정모 방금 한 얘기를 받아서 제 생각을 잠깐 얘기해 볼게요. 지금은 '자살'이라는 단어에 굉장히 부정적인 의미가 들어 있어요. 사회적으로, 종교적으로 자살을 긍정적으로 보는 이들은 거의 없죠. 그런데 한 20년쯤 지나면 이런 분위기는 바뀔 거라고 생각해요. 누군가 자기 삶을 스스로 마무리하면 '아름다운 마무리'라고 칭송하는 날이 올 거라고요.

강양구 진지하게 하시는 말씀이죠? (웃음)

이정모 그럼요. (웃음) 꼭 커즈와일의 전망이 아니더라도 앞으로 생명 과학은 인간의 생명 연장에 여러 옵션을 제공할 거예요. 그 과정에서 불로장생까지는 아니더라도 기대 수명이 지금보다 좀 더 늘어날 수도 있겠죠. 그런데 그렇게 오래 살게 된 사람들이 이웃과 행복하게 살 수 있는 사회 안전망이 뒷받침되지 않으면 어떻게 되겠어요. 자신도 불행하고, 이웃도 불행하고, 사회도 불행해지겠죠.

이런 상황에서 결국 일흔 혹은 여든쯤 되면 자신의 삶을 자연스럽게 정리하는 게 더 나은 선택이 될지도 몰라요. 그렇게 사회 분위기가 만들어지면 정말 자살은 앞선 세대가 다음 세대에게 더 나은 삶의 기회를 양보하는 아름다운 결단으로 받아들여질 수도 있죠. 당장 우리 세대부터 그런 선택의 순간이 올지도 모릅니다.

강양구 저도 그런 비슷한 위험한 생각을 해 본 적이 있어요. 그런데 당장 여러 부작용이 떠오르더라고요. 그런 결단을 하는 이들은 아무래도 이타적인 사람들이겠죠. 자기 이익만 좇으며 살아서 남보다 더 많은 기회를 독점한 사람들이 그 틈에 1년, 5년, 10년이라도 더 살려고 하지 않을까요? 그럼, 나쁜 이들이 착한 이들을 구축(拘縮)하는 꼴이 될 수도 있죠.

이정모 그냥 아이디어 차원이니까 그렇게 받아들여 줘요. (웃음) 물론 그런 일이 진짜로 일어난다면 부작용이 한둘이 아니겠죠. 제가 강조하고 싶은 것은 더 늦기 전에 '늙는다는 것' 혹은 '죽는다는 것'에 대한 근본적인 패러다임의 전환이 필요하다는 거예요. 지금 에너지, 식량 등 산적한 문제가 한두 가지가 아닌데 노인 문제까지 겹쳐 봐요? 끔찍하죠.

이명현 사실 그런 변화는 조금씩 진행되는 것 같아요. 예전에는 논의조차 금기시되었던 안락사 문제도 훨씬 더 전향적으로 여러 가지 입장이 토론되는 분위기잖아요. 여기에 더해서 죽음에 대한 토론도 좀 더 활발해져야 하고요. 당장 안락사부터 좀 더 적극적으로 논의를 할 필요가 있지 않을까요?

강양구 그런 문제는 지금 여기 계시는 세 분 세대, 그러니까 '386 세대'가 적극적으로 나서 주셔야 해요. 어떤 세대보다도 정치적으로 각성한 데다 베이비붐의 수혜자(?)라서 숫자도 제일 많잖아요. 이 세대가 늙어서 자기 잇속만 차리기 시작하면 정말 사회가 엉망이 되겠죠. 세 선생님께서 어떻게 하시는지 꼭 지켜볼게요. (웃음)

송기원 참 저로서는 감당하기 어려운 쪽으로 이야기가 흘러가고 있어서……. (웃음) 얘기를 솔직히 하는 분위기인 것 같으니, 저도 한마디 덧붙일게요. 사랑하는 사람이 암으로 고생하다 세상을 떠나서 슬픈 이들이 많죠. 그런데 과학자 입장에서 보면 암은 노화 과정에서 나타나는 자연스러운 현상이에요.

왜냐하면, 오랫동안 개체 수준에서 생명을 유지하다 보면 유전자 수준에서 여러 가지 돌연변이가 몸속에 쌓여요. 우리 몸속에는 그런 돌연변이를 폐기하고 정정하는 놀랄 만큼 효과적인 시스템이 있습니다. 하지만 시간이 오래 지속되면 그런 시스템도 결국엔 한계에 부딪치는 거예요. 그러니까 나이 든 사람에게서 암이 발생하는 건 어찌 보면 당연한 거예요.

가끔 뉴스를 보면서 기자들의 보도가 참 한심해서 혀를 찰 때가 있는데요. 아, 이 자리에도 기자가 한 명 있군요. (웃음)

강양구 가끔씩 저 스스로도 한심하다고 생각하니 개의치 마세요. (웃음)

송기원 암 환자가 계속해서 늘어난다고 호들갑을 떨잖아요? 진단법의 혁신도 한 이유겠지만, 더 중요한 이유는 기대 수명이 늘어나서예요. 노인이 늘어나면 암 환자는 당연히 늘어날 수밖에 없죠. 왜냐하면, 예전에는 암에 걸릴 기회를 누려 보지도 못하고 죽는 사람이 많았을 테니까요.

아마 지금 암 환자가 아닌 노인의 몸을 모조리 스캔해 보면 대부분 악성이 아닌 암 한두 개쯤 가지고 있을걸요? 단지 그걸로 고통을 받지 않아서 모르고 넘어갈 뿐이죠. 그러니까 암은 생명체가 자기 스스로를 폐기하는 굉장히 자연스러운 과정이에요. 물론 소아암에 걸리는 아이들에게는 정말로 미안하지만, 대개 암 발생률은 정확하게 나이와 정비례합니다.

이정모 '아름다운 암'이네요. (웃음) 원래 자연 상태의 동물이라면 잡아먹히거나 굶어 죽잖아요. 아마도 애완동물이나 동물원의 동물을 빼놓고 잡아먹히거나 굶어 죽지 않는 거의 유일한 동물이 인간일 거예요. 그런 인간이 암으로 고통을 받는 건 어찌 보면 자연스러운 일이죠. 사실 동물 중에도 애완동물, 동물원 동물은 또 인간처럼 암에 걸리잖아요.

강양구 아름다운 암까지 나왔으니, 오늘 수다는 이 정도에서 멈출까요? (웃음) 그런데 이 얘길 다 써도 되죠?

이정모 저는 신념이라니까요. (웃음)

송기원 이거 약간 걱정되는데요. (웃음) 오늘 재밌었습니다.

이명현 다들 수고가 많았습니다. 앞으로 20년 후에 이정모 관장이 어떻게 나오는지 꼭 지켜보겠어요! (웃음)

노벨상 과학자의 분노

과학에 전혀 관심이 없는 사람이라도 《네이처》나 《사이언스》의 이름 정도는 알고 있습니다. 이들은 《셀》, 《미국 국립 과학원 회보(PNAS)》 등과 함께 세계 최고의 명성을 자랑하는 과학 잡지죠. 이 잡지에 논문이 실린 과학자는 적어도 몇 년간은 앞날이 창창하죠. 심지어 우리나라 몇몇 대학은 이 잡지에 논문을 실은 과학자에게 1000만 원에서 수억 원의 상금도 줍니다.

그런데 이번 수다의 주인공이었던 랜디 셰크먼이 2013년 12월 9일 영국의 《가디언》 기고를 통해서 폭탄 선언을 했습니다. 《네이처》, 《셀》, 《사이언스》와 같은 '유명(luxury)' 잡지에 더 이상 논문을 싣지 않겠다는 것이죠. 노벨상을 받고서 대중의 이목이 자신에게 가장 쏠릴 때 이런 선언을 한 것을 보면, 정말로 작정하고 나섰습니다.

셰크먼의 고발은 이렇습니다. 이들 유명 잡지가 '섹시(sexy)'하거나 파장을 불러일으킬 만한 논문에 주목하면서 과학을 왜곡하고 있다는 것이죠. 이런 유명 잡지에 논문이 실려야 한다는 압박을 받는 과학자들은 자연스럽게 유행하는 분야만 좇습니다. 그 과정에서 특정 과학 분야에 거품이 생기고, 이 잡지들이 선호하지 않는 분야의 과학은 외면을 받지요.

심지어 어떤 과학자는 이런 거품에 편승해서 유명 잡지에 논문을 싣고자 과학 사기의 유혹에 넘어갑니다. 이런 잡지에 논문만 실으면 명예는 물론이고 연구비에 심지어 상금까지 따라오니 그럴 수밖에요. 이런 논리대로라면 유명 잡지야말로 과학자의 일탈 행동을 부추기는 또 다른 공범입니다.

2004년 3월과 2005년 6월 잇따라 《사이언스》에 실린 조작된 줄기세포 논문은 그 생생한 예입니다. 당시 《사이언스》는 '세계 최초'의 복제 배아 줄기세포에 홀린 나머지 검증을 소홀히 한 대가를 톡톡히 치렀죠. 공교롭게도 그 맞수 《네이처》도 2014년 1월 일본의 오보카타 하루코의 줄기세포 논문을 실었다 망신살이 뻗쳤습니다.

'손쉽게 줄기세포를 얻는 획기적인 방법'을 내세운 오보카타의 논문은 (2004년과 2005년 황우석과 마찬가지로) 《네이처》 2014년 1월 30일자 표지 논문으로 실렸지만, 각종 의혹이 제기되면서 결국 같은 해 7월 2일자로 논문 게재가 취소되었습니다. 《네이처》는 "심사 과정에 문제는 없었다."라고 항변했지만, 《사이언스》가 그랬듯이 그 명성에 금이 갔죠.

이런 사례에서 알 수 있듯이, '거품'이 낀 대표적인 과학 분야가 바로 줄기세포 연구입니다. 난치병 극복에 새로운 돌파구를 마련할 것이라는 기대 때문에, 지금 이 순간에도 '대박'을 좇는 수많은 과학자가 줄기세포 연구에 매달리고 있죠. 그리고 셰크먼의 고발대로 이런 분위기를 《네이처》, 《셀》, 《사이언스》 같은 잡지들이 부추기고 있습니다.

셰크먼은 "과학자들이 일정 수준 이상의 논문을 자유롭게 게재하고 독자들은 무료로 구독할 수 있는" 새로운 학술 공간의 필요성을 강조합니다. 실제로 1990년대 중반부터 과학계에서는 유명 잡지의 과학 지식 독점에 맞서 과학자들의 발표 논문을 누구나 자유롭게 구독할 수 있는 '오픈 액세스(open access)' 잡지가 등장했습니다.

"과학 지식의 공유"를 내세운 이런 흐름을 기존 유명 잡지 측에서 곱게 볼 리 없습니다. 아니나 다를까, 《사이언스》는 2013년 10월 오픈 액세스 잡지 상당수가 검증 없이 가짜 논문을 게재 승인한 사실을 폭로했죠. '이끼류에서 추출한 물질이 암세포의 증식을 억제'한다는 가짜 논문이 304개 오픈 액세스 잡지에 투고되었고, 무려 157개 잡지가 게재 허가를 통보했습니다.

심지어 일부 오픈 액세스 잡지는 게재를 허락하면서 돈까지 요구했죠. 논문 실적이 필요한 과학자는 돈만 내면 게재할 수 있는 오픈 액세스 잡지를 활용하고, 이런 돈 냄새를 맡고서 출판사는 우후죽순 엉터리 오픈 액세스 잡지를 펴내는 것이죠. 최근에는 초국적 기업까지 이 난장판에 끼어들어서 한몫 챙기려 들고요.

그동안 많은 사람은 과학계가 특별한 영역이라고 생각해 왔습니다. 이들은 진리를 추구하는 과학자 공동체가 보통 사람보다 똑똑하고, 세상사에 초연할 뿐 아니라, 돈과 같은 온갖 이해관계로부터 다른 집단에 비해서 상대적으로 자유로울 것이라고 상상했죠. 과학자 자신들이 앞장서 이렇게 과학자 공동체의 이미지를 포장해 왔고요.

그래서 로버트 머튼 같은 사회학자는 이런 통념을 좀 더 공식화해서 과학자 공동체가 다른 집단과는 다른 (불편부당하고 끊임없이 회의하며 공동체의 이익을 생각하는) 독특한 규범에 따라서 운영된다고 주장하기까지 했습니다. 가끔 "미치고 나쁘고 위험한" 과학자가 있더라도 과학자 공동체는 자정 작용을 통해서 이런 일탈을 가차 없이 처단할 테고요.

하지만 셰크먼의 고발 또 그 대안으로 여겨졌던 오픈 액세스 잡지의 현실은 과학자 공동체에 덧씌운 이런 통념이 현실과 크게 다름을 보여 줍니다. 그럼, 어디서부터 시작해야 위기에 빠진 과학을 구할 수 있을까요? 과학의 특수성을 강조하면서, 다시 한 번 과학자 공동체의 각성을 촉구하는 게 과연 능사일까요?

과학의 특수성을 강조하기보다는 "과학 또한 결국 인간이 하는 일이며 역사성과 사회성을 갖는 활동이라는 어찌 보면 자명한 인식"(『할리우드 사이언스』(김명진 지음, 사이언스북스, 2014년, 71쪽))부터 필요하지 않을까요? 과학의 핵심에 놓인 '비판'과 '탐구'는, 과학 그 자신에게도 똑같이 적용되어야 마땅합니다.

투명 망토

해리 포터도 몰랐던 투명 망토의 비밀

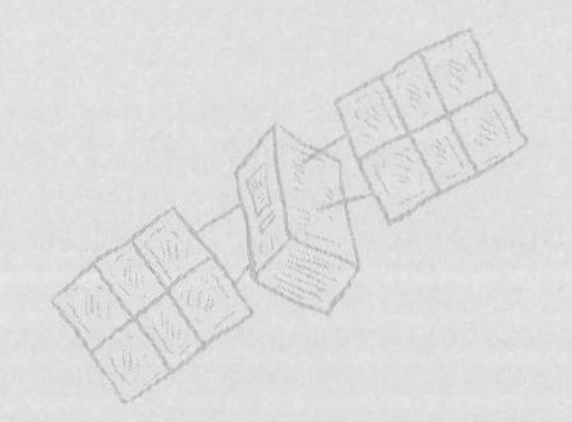

박규환
고려 대학교
물리학과 교수

김상욱
경희 대학교
물리학과 교수

이명현
과학 저술가 /
천문학자

강양구
지식 큐레이터

지금은 그 열기가 한풀 꺾였지만 1997년부터 2007년까지 10년간 전 세계를 열광시켰던 동화 속 주인공이 있습니다. 바로 해리 포터죠! 1997년 10대 초반에 해리 포터를 처음 접했던 친구들이 벌써 20대 중반이 되었으니 시간 참 빠르죠? 그런데 혹시 「해리 포터」 속에 나오는 수많은 마법들 중에서 가장 기억나는 건 뭔가요?

아마 세 가지 '죽음의 성물' 아닐까요? 세상에서 가장 힘이 센 마법 지팡이, 죽은 사람도 살릴 수 있는 생명의 돌 그리고 심지어 죽음도 피할 수 있는 투명 망토. 이 가운데 해리 포터가 아버지로부터 받은 유품인 투명 망토는 참으로 매력적이었죠. 투명 망토만 쓰면 안에서는 밖을 볼 수 있지만, 밖에서는 누구도 해리 포터와 친구들을 발견할 수 없으니까요.

그러고 보면, 투명 망토 이전에는 '투명 인간'도 있었죠. 허버트 조지 웰스의 『투명 인간』(1897년)부터 폴 버호벤의 「할로우 맨」(2000년)까지 투명 인간은 시대를 초월해서 우리의 상상력을 자극해 왔습니다. 심지어 피터

잭슨의 영화로 더욱더 유명해진 J. R. R. 톨킨의 「반지의 제왕」(1954년)에서도 '절대 반지'는 주인을 투명 인간으로 만들죠.

아마 여러분도 어릴 적에 혹은 어른이 되고 나서도 여러 목적(?)으로 투명 인간을 꿈꾼 적이 한두 번은 있었을 거예요. 하지만 소설이나 영화 속에서나 가능한 일이라며 한숨을 쉬었겠죠. 그런데 이게 웬 일입니까? 지금 당장 인터넷 검색 사이트에 "투명 망토", "invisible cloak"을 입력해 보세요.

놀랍게도 수많은 문서가 검색됩니다. "해리 포터 '투명 망토' 현실화 한걸음 더"(《한겨레》 2012년 11월 27일자), "해리 포터 '투명 망토', 수년 내 현실화 전망"(《조선일보》 2012년 11월 27일자) 같은 기사도 널렸죠. 정말로 투명 망토가 수년 내 가능해지는 걸까요?

아니, 이 질문에 답하기 전에 이것부터 물어보죠. 도대체 '투명하다는 것'의 의미는 무엇인가요? 사실 이 질문에 제대로 답하려면 '본다는 것'의 의미를 정확히 아는 것이 필요합니다. 또 본다는 것의 과학적 의미를 정확히 파악하려면, 도대체 빛이 무엇인지부터 확인하고 넘어가야죠.

그러니 투명 망토 또 투명 인간 얘기를 하는데 왜 자꾸 빛 타령이지 하고 짜증을 내서는 곤란합니다. 왜냐하면, 오늘 수다의 진짜 주인공은 빛이니까요. 궁금증이 꼬리에 꼬리를 무는, 흥미롭지만 골치 아픈 이 주제를 해결해 주고자 물리학자 박규환 고려 대학교 교수가 가이드로 나섰습니다.

박규환 교수와 함께 투명 망토 또 덤으로 투명 인간의 모든 것을 샅샅이 훑다 보면, 투명 망토보다 훨씬 더 마법 같은 일이 현재 진행 중인 사실도 확인할 수 있습니다. 기사처럼 투명 망토는 정말로 수년 내 현실이 되는 걸까요? 아파트 층간 소음을 없애고, 에너지 효율을 높이고, 지진이나 풍랑을 피하는 일이 투명 망토와 도대체 무슨 상관이 있을까요?

이런 질문의 답이 궁금하다면, 이제 마법보다 더 마법 같은 빛의 세계를 여행할 시간입니다. 자, 두 눈부터 크게 뜨기 바랍니다. 지금 이 글자에 부딪친 빛이 당신의 시각 세포를 자극하기 위해서 1초에 지구를 일곱 바퀴 반이나 도는 엄청난 속도로 맹렬하게 질주 중이니까요!

본다는 것

강양구 오늘은 이름만 들어도 설레는 투명 망토를 놓고서 얘기를 해 볼 텐데요. 일단 '투명 망토' 과학 수다에 굉장히 집착하셨던 이명현 선생님께서 이야기를 시작하시죠. (웃음)

이명현 투명 망토가 「해리 포터」 때문에 사람들에게 확실히 각인이 되었죠. 그 자체로도 얼마나 매혹적이에요. 또 심심찮게 투명 망토의 과학적 가능성을 언급하는 기사도 여러 차례 나왔습니다. 투명 망토 연구를 주도하는 영국의 존 펜드리 박사는 공공연히 노벨상 0순위로 꼽히고요. 그런데 정작 투명 망토의 실체가 무엇인지 제대로 짚어 보는 자리는 없었어요.

강양구 사실 투명 인간도 SF 소설이나 영화의 단골 소재죠. 그런데 정작 '투명'하다는 것이 무엇인지 그 개념을 정확히 따져 본 적은 없었어요.

김상욱 그렇다면, 도대체 '본다(see).'는 것이 무엇인지부터 얘기를 시작하는 게 순서 같군요.

이명현 결국 오늘의 화두는 '빛'이겠군요. (웃음) 빛의 굴절, 반사와 같은 성질을 알지 못하면 앞의 질문에 답할 수 없으니까요.

박규환 이거 주문이 많으시네요. (웃음) 일단 '굴절'부터 살펴보죠. 우리가 물속에 막대를 꽂아 두면, 그 막대가 구부러져 보입니다. 바로 굴절 현상이죠. 그런데 왜 그런 굴절 현상이 나타날까요? 빛은 공기 중을 지나갈 때는 거의 영향을 받지 않아요. 하지만 물처럼 공기가 아닌 다른 물질을 지날 때는 어떤 영향을 받습니다. 그리고 그 결과 굴절 현상이 나타나죠.

강양구 어떤 영향을 받나요?

박규환 여기서부터는 심호흡을 하고 들으세요. (웃음) 물질을 구성하는 기본 물질이 원자잖아요. 원자는 가운데에 양전기를 띠는 원자핵이 있고, 그 주위에서 음전기를 띠는 전자가 돕니다. 양전기와 음전기가 상쇄되어서 원자 자체는 전기적으로 중성 상태죠.

그런데 빛의 본질은 전자기파입니다. 빛이 지나갈 때 주위에 전기장과 자기장을 만들면서 물결(파동)처럼 이동하는 거예요. 그런데 이렇게 전기장(또 자기장)을 만들면서 이동하는 빛이 원자 주변을 지나간다고 생각해 보세요. 빛의 전기장이 원자에 영향을 주겠죠. 정확하게는, 음전기를 띠는 가벼운 전자가 빛의 전기장에 따라서 움직일 거예요.

예를 들어, 음전기를 띤 전자는 전기장 반대 방향으로 힘을 받아 움직이게 되면서 운동 에너지를 갖게 됩니다. 이 과정에서 빛이 가지고 있었던 에너지의 일부가 전자를 통해 원자로 전달이 됩니다. 그리고 원자는 그렇게 빛으로부터 전달받은 에너지를 또다시 외부로 방출하죠.

비유를 들어 보면, 홈런을 친 야구 선수가 홈으로 들어와서 동료 선수와 손바닥을 마주치죠. 빛이 어떤 물질을 만나서 에너지를 주고받는 과정은 이렇게 홈런을 친 선수가 동료 선수와 손바닥을 한 번씩 마주치면서 달려가는 경우라고 생각하면 됩니다. 아무하고도 손바닥을 마주치지 않는 상황은 빛이 진공 상태를 지나갈 때라고 생각하면 되고요.

그런데 이렇게 동료 선수와 손바닥을 마주치며 달리면 당연히 속도가 느려지죠. 빛도 마찬가지예요. 물질을 지나며 그 물질을 구성하는 원자와 에너지를 주고받다 보면 빛의 전달 속도가 느려지죠. 이렇게 진공 상태에서의 빛의 속도 $c(=2.99792458\times10^8\mathrm{m/s})$에 비해서, 다른 물질을 지날 때 느려지는 비율을 바로 '굴절률(n)'이라고 합니다.

진공 상태가 아닌 다른 물질을 지날 때의 빛의 속도(v)는 c를 굴절률로 나눈 값(c/n)이 되는 거예요. 그러니까 진공 상태의 굴절률은 1이죠. 그리고 굴절률이 크면 클수록 (분모가 커지니까) 빛의 속도는 느려지게 됩니다. 굴절률은 물질마다 다를 수밖에 없죠. 왜냐하면, 물질에 따라서 빛에 반응해 주고받는 에너지가 다를 테니까요. 물의 굴절률은 한 1.3 정도입니다.

강양구 그러니까, 물속의 막대가 구부러지는 굴절 현상은 공기(굴절률=1) 중을 이동하던 빛이 굴절률이 다른 물(굴절률=1.3)을 만나서 이동 속도가 느려지면서 나타나는 것이군요. 그런데 굴절률이 다른 물질을 만나면 빛이 왜 휘는지도 짚고 넘어가죠. 고등학교 때 배운 것 같긴 합니다만. (웃음)

박규환 굴절 현상 때 빛이 왜 휘는지를 말로 설명하는 게 쉬운 일은 아닌데요. (웃음) 여기서는 '페르마의 원리(Fermat's principle)'로 설명해 보죠. 1658년 피에르 페르마(1601~1665년)는 빛이 공간의 두 지점 사이를 진행할 때 최소 시

간이 걸리는 경로를 따른다고 제안했습니다. 이 페르마의 원리는 이론적, 실험적으로 증명이 되었죠.

일단 이 페르마의 원리에 따르면 공기 중에서 빛이 두 지점을 이동할 때 최소 시간이 걸리는 경로는 직선이겠죠. 그런데 공기와 물처럼 굴절률이 다른 두 지점을 이동할 때는 다르죠. 예를 들어, 공기 중의 A에서 물속의 B 지점까지 빛이 이동하는 경우를 봅시다. 거리상으로는 A와 B를 직선으로 잇는 게 가장 짧죠.

하지만 빛은 공기보다 굴절률이 큰 물속에서 천천히 움직입니다. 따라서 A에서 B까지 최단 시간이 걸리는 경로는 옆의 그림에서 확인할 수 있듯이 물속에서 특정한 각도만큼 꺾이는 것이겠죠.

김상욱 군대 제식 훈련할 때 줄지어 방향을 바꾸는 것을 생각해 봐도 좋습니다. 나란히 늘어선 사람들이 줄을 맞추어 걷고 있습니다. 이때 왼쪽에 있는 사람이 보폭을 짧게 하고 바깥쪽의 사람은 보폭을 크게 하면 왼쪽으로 방향 전환이 됩니다. 즉 왼쪽과 오른쪽의 속도차가 방향 전환을 만들어 내는 것이죠. 물속에서는 빛이 공기 중보다 느리게 진행합니다. 빛이 비스듬히 물에 들어가는 경우, 먼저 물에 닿은 부분의 속도가 느려지며 그 방향으로 꺾이는 겁니다.

강양구 그럼, 반사는 뭔가요?

박규환 반사도 굴절률로 설명할 수 있어요. 예를 들어, 공기 중에서 빛이 이동하는 걸, 위아래로 움직이는 가는 고무줄이라고 해 보죠. 그런데 이 가는 고무줄이 어떤 지점부터 굵은 고무줄로 바뀝니다. 그렇게 되면 위아래로 잘 움직이던 고무줄이 굵은 고무줄이 시작하는 지점부터 움직임이 둔해지죠.

그런데 한쪽에서 가는 고무줄을 위아래로 세게 흔드는 상황을 생각해 보세요. 위아래로 움직이던 고무줄이 굵은 고무줄이 시작하는 지점에서 거꾸로 튕겨져 오기도 하잖아요. 공기 중을 물결처럼 진동하면서 이동하던 빛도 굴절률이 다른 물질을 만나면 n분의 $c(c/n)$로 속도가 줄어들죠. 그러면 진동하기 어려워져 튕겨져 나옵니다. 바로 이런 현상이 '반사'입니다.

그렇게 굴절률이 다른 물질을 만난 빛의 일부가 반사가 되어서 인간의 시각세포를 자극하죠. 그렇게 망막에 맺힌 상이 전기 신호로 바뀌어서 뇌로 전달되는 과정이 바로 '본다.'의 본질입니다. 당연한 얘기지만, 빛이 없으면 우리가 보는 행동 자체가 가능하지 않죠. 이것이 투명 망토 얘기를 할 때 빛부터 시작한 이유입니다.

투명 인간? 투명 망토? 투명의 조건!

강양구 이제 '본다는 것'의 과학적 의미는 대충 해명이 된 것 같죠? 그럼, '투명하다는 것'의 의미는 뭔가요?

박규환 서로 다른 물질인데 굴절률이 같은 경우죠. 굴절률이 같으면 반사가 일어나지 않고서 빛이 그냥 지나가니까요.

그런데 공기와 굴절률이 같은 물질을 만드는 일은 쉽지 않아요. 아까 물의 굴절률을 1.3이라고 했죠? 이렇게 대부분의 물질은 공기의 굴절률 1보다 큽니다. 유리창을 통해서 밖을 보면서 흔히 투명하다고 말하죠. 하지만 유리도 굴절률이 1.4 정도로 약간의 반사 현상은 불가피하죠.

여기서 투명 인간의 첫 번째 조건이 나오죠. 투명 인간은 자기 몸 전체의 굴절률을 1로 만들어야 합니다. 약을 먹든, 마법을 부리든 말이죠. (웃음) 그래서 자기 몸의 굴절률을 1로 만들어서 공기 중을 지나는 빛이 반사 없이 그대로 투과할 수 있게 만든다면 일단 투명 인간의 조건을 만족하는 셈이죠.

이명현 모든 빛이 투과하는 거지요?

박규환 그렇죠. 그러니 투명 인간은 맹인이 될 수밖에 없어요. 왜냐하면, 빛이 망막에 맺히지 않고 그대로 투과해 버릴 테니까요. 그러니 맹인이 아닌 투명 인간이 되려면 눈만 까맣게 남아 있어야겠죠. 그런데 그렇게 눈만 까맣게 남아 있는 경우에도 투명 인간이라고 할 수 있을지 모르겠군요. (웃음)

재미있는 것은 생물체 중에서 투명 물고기가 있습니다. 그런데 투명 물고기도 눈은 투명하지 않아요. (웃음)

이명현 투명 물고기 몸의 굴절률은 물과 비슷한데, 눈만 다른 물질로 구성된 건가요?

박규환 그렇죠. 물의 굴절률과 비슷하니까 투명해 보이는 건데요. 눈의 굴절률까지 물과 비슷하면 앞을 볼 수 없겠죠.

이명현 투명 망토는 어떤가요?

박규환 해리 포터 스타일의 투명 망토는 실제로는 멀리 있는 오아시스가 가까이 있는 것처럼 보이는 사막의 신기루를 생각해 보면 어떨까 싶어요. 똑같은 공기라고 하더라도 온도가 달라서 밀도가 변하면 장소에 따라서 굴절률이 달라집니다. 사막에서는 공기가 뜨겁게 달아올라서, 특히 지면 근처의 공기가 팽창해서 굴절률이 낮아집니다. 빛의 속도가 상층보다 빨라지죠.

이렇게 같은 공기라도 온도에 따른 밀도 차이에 따라서 굴절률이 달라지면 오아시스에서 반사되어 나온 빛이 굴절하게 됩니다. 그렇게 굴절된 빛이 사막 여행자의 눈에 도달하게 되면, 실제로 있는 곳과는 전혀 다른 위치에 오아시스가 있는 것처럼 보이죠. 우리가 빛은 항상 똑바로 직진한다고 생각하기 때문에 발생하는 오류죠.

그런데 바로 이런 신기루 현상이 나타나는 원리를 마술사들이 활용하죠. 뒤에 있는 그림을 한 번 보세요. 분명히 예쁜 여성이 무대 위에 서 있습니다. 그런데 거울 넉 장을 활용하면 무대 위에 아무도 없는 것처럼 관객을 속일 수 있어요. 그러다 ④번 거울을 치우면 무대 위에 그 여성이 나타납니다.

강양구 마술사 데이비드 카퍼필드가 자유의 여신상을 사라지게 한 것도 비슷한 원리를 응용한 것이죠?

박규환 정확한 사정은 모릅니다만, 그럴 겁니다. 이렇게 거울을 이용하면 광화문의 이순신 장군 동상도 사라지게 만들 수 있죠. 같은 식으로 거울을 배치하면 텔레비전 카메라에 이순신 장군 동상이 안 보이게 할 수 있을 테니까요. 시청자는 이순신 장군 동상이 정말로 사라졌다고 감쪽같이 속겠죠.

김상욱 그럼, 투명 망토의 원리도 비슷한 건가요?

박규환 솔직히 말하면, 다르지 않아요. 그런데 그 얘기를 자세히 하기 전에 여기서 구별을 합시다. 우리가 일상생활에서 접하는 빛, 가시광선은 사실은 온갖 파동의 빛이 중첩된 것입니다. 그러니까, 우리가 잔잔한 호수에다 돌멩이를 던지면 동심원을 그리면서 깨끗한 수면파가 퍼지잖아요?

그런데 모래더미를 호수에다 퍼부으면 물이 막 흔들리면서 특정한 모양의 수면파를 확인할 수 없어요. 바로 이렇게 여러 개의 수면파가 겹쳐져 물이 막 흔들리는 상태가 바로 가시광선입니다. 반면에 우리가 '결 맞은(coherent)' 빛이라고 부르는 것이 있어요. 그런 빛은 돌멩이 하나 때문에 생긴 동심원처럼 정리된 파장을 가졌죠.

대표적인 게 바로 레이저입니다. 우리가 레이저 포인터를 벽에다 비춰 보면 파동의 결을 확인할 수 있습니다. 반면에 가시광선은 밝다, 어둡다 정도만 확인할 수 있지요. 2010년 이전 투명 망토 연구의 대부분은 레이저처럼 특정한 파장을 가진 결 맞은 빛을 이용한 것이었습니다. 가시광선이 아니라요.

강양구 그럼, 언론에 많이 보도된 투명 망토 연구는 일상생활의 가시광선 영역에 적용되는 것이 아니었군요?

박규환 그렇죠. 예를 들어, 2000년대 초반부터 존 펜드리 박사가 전면에 나서면서 투명 망토가 각광을 받기 시작했습니다. 사실 펜드리 박사가 과학계에서 주목을 받았던 건 투명 망토가 아니라 마이너스 굴절률을 가진 '메타 물질(meta material)' 연구였어요. 그런데 여기서 메타 물질 얘기를 하면 너무 복잡하니까 그건 일단 뒤로 밀어 놓죠. 용어만 기억해 둡시다.

김상욱 사실 물리학자로서는 투명 망토보다는 굴절률이 마이너스인 물질이 있을 수 있다는 발상 자체가 훨씬 더 흥미로웠습니다. (웃음)

박규환 네, 그 얘기는 나중에 하고요. (웃음) 그런데 「해리 포터」가 뜨니까 펜드리 박사가 잽싸게 투명 망토를 내세운 겁니다. 일단 효과 만점이었죠. 엄청난 주목을 받았으니까요. 그런데 앞에서 지적했듯이 펜드리 박사가 말하는 투명 망토는 우리가 일상생활에서 접하는 가시광선을 이용한 것이 아니에요. 레이저 같은 특정한 파장을 가진 빛을 이용한 것이었죠.

이명현 일단 레이저와 같은 결 맞은 빛을 이용한 투명 망토의 원리부터 살펴보죠.

박규환 이런 결 맞은 빛을 이용한 투명 망토의 근간이 되는 학문이 바로 '변환 광학(Transformation Optics)'입니다. 사실 변환 광학의 역사는 1960년대 폴

란드의 예르지 플레반스키(Jerzy Plebanski) 박사로부터 시작합니다. 이 플레반스키 박사는 휘어진 공간에서 빛이 어떻게 움직이는지 기술하는 식을 소개한 적이 있는데, 펜드리 박사가 이 식을 잘 활용하였지요.

발상은 이렇습니다. 빛이 무엇이고 또 어떻게 움직이는지 알려 주는 방정식이 바로 '맥스웰 방정식'이에요. 이 자리에서 맥스웰 방정식을 자세히 설명할 수는 없고요.

강양구 과학자 사이에서는 이런 유머가 있다면서요. 태초에 신이 "빛이 있으라!" 하고 외칠 때, 이 맥스웰 방정식을 주문으로 외웠다고요. (웃음)

박규환 맞아요. 그런 유머가 있을 정도로 맥스웰 방정식은 빛의 정체를 정확하게 기술하죠. 그런데 플레반스키와 펜드리 박사는 이 맥스웰 방정식을 변환함으로써 또 다른 가능성을 발견했죠. 플레반스키 박사는 공간이 휘어질 때 맥스웰 방정식은 어떻게 변하는지 직각 좌표계를 써서 보인 적이 있습니다.

비유해 보면 이렇습니다. 고무로 된 바둑판이 있다고 합시다. 그 위에서 바둑알을 빛이 직진하는 것처럼 바둑판의 선을 따라 움직여 보죠. 그런데 만약에 고무 바둑판의 한쪽을 잡아서 비틀어지게 늘리면 바둑알은 직선이 아니라 휘어진 선을 따라 이동하게 됩니다. 이것이 일반 상대성 이론에서 말하는 휘어진 공간에서의 빛의 모습이죠.

그런데 관점을 바꿔서 보면, 이것은 공간은 휘지 않았고 단지 굴절률이 다른 물질 속을 빛이 지나가는 것으로 볼 수도 있습니다. 이처럼 휘어진 공간과 굴절률을 대응시키는 것을 변환 광학이라고 하는데 보통 이런 일은 굴절률만이 아니라 맥스웰 방정식에 등장하는 물질 상수들 사이에 어떤 특별한 관계가 성립될 때 일어납니다. 이 특별하고 은밀한 관계는 우리가 비밀을 지켜 주기로 합시다. 알아봤자 생각보다 재미없으니까요. (웃음)

대신에 고무 바둑판에 바늘로 구멍을 뚫은 후에 구멍을 크게 키워 보도록 하죠. 그럼 바둑돌은 구멍을 향해 오다가 구멍 근처에 오면 구멍을 피해 돌아가게 됩니다. 다시 말해 직진하던 빛이 특정한 굴절률의 어떤 물질을 만나면 마치 흐르는 물이 바위를 만나서 우회하는 것과 같은 모습을 보이는 거예요.

김상욱 그러면 바로 그 바위가 있는 자리에 놓여 있는 것은 보이지 않겠군요. 빛이 우회해서 가니까요.

박규환 네, 바로 그 자리에 해리 포터가 있다면 마치 투명 망토를 쓴 것처럼 보이지 않겠죠. 이게 바로 2006년에 펜드리 박사가 제기한 투명 망토의 원리입니다. 그리고 펜드리 박사와 공동 연구를 진행한 미국의 데이비드 스미스 박사가 실험을 통해서 이것이 가능하다는 걸 보여 줬죠.

강양구 그런데 그렇게 빛을 우회하도록 하는 물질은 원래 자연계에 존재하는 건가요?

박규환 앞서 말한 물질 상수들 간의 은밀한 관계로 인해 애석하게도 자연계엔 없습니다. 그런 성질을 가능하게 하는 물질이 바로 메타 물질입니다. 하지만 그런 메타 물질은 자연계에 없기 때문에 만들어야 되는데요. 그 얘기는 참았다 나중에 합시다. (웃음) 아무튼 특정한 메타 물질을 만들어 놓고서 거기다 가시광선과는 다른 결맞은 빛의 일종인 마이크로파를 쏘았더니 투명 망토 효과가 나타난 겁니다.

이명현 여기까지가 1단계군요. 마침 「해

리 포터」 때문에 엄청나게 투명 망토가 매체의 주목을 받았고요.

투명 망토, 미션 임파서블?

박규환 얘기를 계속해 봅시다. 아무튼 그러고 나서 펜드리 박사와 스미스 박사는 물론이고 세계 곳곳에서 경쟁적으로 투명 망토와 관련된 연구를 했어요. 또 성과가 날 때마다 언론에 대서특필되었고요. 그런데 이런 투명 망토에는 심각한 문제가 있습니다. 왜냐하면, 이 투명 망토는 레이저와 같은 특정 파장의 빛에 대해서만 이런 효과를 나타내거든요.

강양구 그러니까, 일상생활의 가시광선이 아니라 특정한 방식으로 준비된 빛에만 투명 망토의 효과를 나타내는 거군요.

박규환 맞아요. 그런데 그렇게 투명 망토의 효과를 나타내는 빛의 조건이 엄청나게 까다로워요. 가시광선 정도가 되면 투명 망토의 효과를 구현하는 건 불가능에 가깝죠. 더구나 투명 망토 안에 집어넣으려면 해리 포터도 굉장히 작아져야 해서 실용적으로는 거의 의미가 없는 수준이에요.

몇 년간 한쪽에서는 가시광선 영역에 가까운 빛 그러니까 적외선 영역에서도 투명 망토의 효과가 나타날 수 있도록 연구를 진행했고, 다른 쪽에서는 투명 망토의 크기를 키워 보려고 노력했죠. 하지만 지금까지는 그 성과가 보잘것없어요. 그래서 결국 지금은 잠정적으로 결론을 내린 상태죠.

강양구 혹시 투명 망토는 불가능하다는 걸로요?

박규환 그렇죠. 최소한 메타 물질을 이용한 투명 망토는 불가능할지도 모릅니다. 그래서 2010년 이후의 투명 망토 연구는 그 전과는 다른 방식으로 진행되고 있습니다. 그런데 이런 연구를 뜯어 보면, 앞의 그림에서 살펴본 마술사의 트릭과 그 기본 원리 면에서는 그다지 다를 게 없어요. 예를 몇 개 들어 볼까요.

김상욱 일본 도쿄 대학교의 다치 스스무 박사의 투명 망토도 한 예죠?

박규환 맞습니다. 다치 박사의 방법은 '증강 현실 기법(augmented reality method)'이라고 부르는 것인데요, 말 그대로 망토 반대쪽의 영상을 이쪽 망토에서 보여 줌으로써 망토 안의 해리 포터가 안 보이는 것처럼 위장하는 방법입니다. 이건 뭐, 투명 망토라기보다는 일종의 스크린을 이용한 트릭인데요. (웃음)

강양구 「미션 임파서블: 고스트 프로토콜」에서 나왔던 방법 같은데요. 경비원에게 아무도 없는 복도를 스크린으로 틀어 주고, 그 스크린 안쪽에서 영화 속 이단 헌트(톰 크루즈)가 공작을 진행했죠. (웃음)

박규환 맞습니다. 그런데 사실 이런 기술이 상용화된다면 상당히 실용적일 수 있어요. 예를 들어, 고층 빌딩이 시야를 가려서 굉장히 답답한 경우가 있잖아요. 그럼, 고층 빌딩 뒤쪽의 풍광을 창문에다 투사해 주면 어떨까요? 답답한 고층 빌딩이 눈앞에 있는 것보다는 훨씬 낫지 않겠어요? 실제로 그런 건물을 만들려는 움직임도 있습니다.

강양구 어이쿠, 저번에(2013년 11월 16일) 서울 삼성동 고층 아파트에 헬리콥터가 부딪쳐서 난리가 났었는데, 그런 일이 걱정되는데요.

박규환 맞아요. 비행기, 헬리콥터 사고 또 일상적으로는 새도 위험해지겠죠. 아무튼 이게 투명 망토의 가장 썰렁한 버전입니다. (웃음) 또 다른 투명 망토는 버클리 대학교에서 개발한 것인데요. 이건 투명 망토라기보다는 일본 닌자의

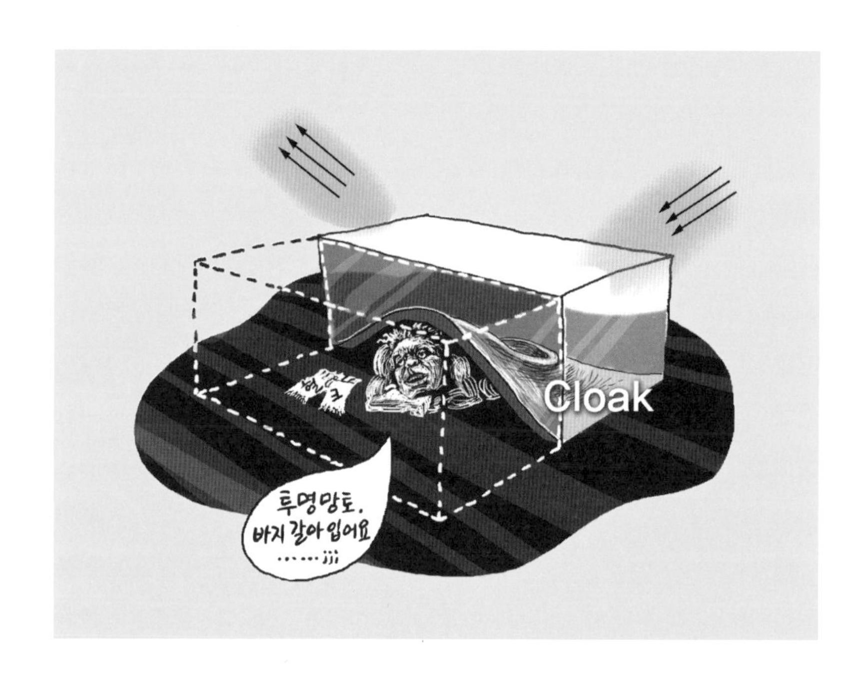

위장술 같은 겁니다. 그러니까 한쪽 벽에 숨기고 싶은 물체를 놓고서 그 위를 카펫으로 덮는 거죠. 그래서 이런 투명 망토를 '카펫 망토(carpet cloak)'라고 부르죠.

김상욱 물론 그 카펫은 빛을 굴절 또는 반사하겠죠?

박규환 맞습니다. 마치 카펫 망토에 도달한 빛이 거울에서 반사되어 나오는 것처럼 만드는 거죠.

김상욱 그런 카펫 망토는 한 방향이 아니라 여러 방향에서 오는 빛을 다 감당할 수 있나요?

박규환 그렇죠. 사방에서 오는 빛을 반사시켜서 마치 어느 방향에서 봐도 거울만 있는 것처럼 보이는 겁니다. 이런 카펫 망토가 주목을 받는 이유는 크기를 키울 수 있기 때문이죠. 2011년에 버클리 대학교에서 처음 시도했을 때는 적혈구 크기, 그러니까 머리카락의 100분의 1만 한 크기였어요. 최근에는 10센티미터 정도까지 성공했어요.

이명현 듣고 보니 약간 싱겁다는 생각이 드는데요. (웃음)

박규환 솔직히 저도 그래요. 그냥 카펫 망토를 놓을 자리에 거울을 하나 가져다 놓으면 똑같은 효과가 생기지 않을까요? (웃음) 솔직히 이것보다 더 그럴듯한 건 투명 구슬입니다. 이쪽 투명 망토를 연구하는 과학자 중에서 울프 레온하르트 박사가 있는데, 학생들한테 투명 망토 아이디어를 받았어요. 그런데 2011년에 학부 학생이었던 야노시 페르첼(János Perczel)이 투명 구슬 아이디어를 내놓았죠.

이건 유리 구슬을 만들 때, 각 부분마다 굴절률을 조절하면 밖에서 들어온 빛이 중심에 도달하지 않고서 한 바퀴 돌아서 밖으로 나오게 할 수 있어요. 즉 유리 구슬의 어디서 보든 간에 중심은 보이지 않게 되죠. 그렇다면, 그 유리 구슬의 중심에 해리 포터가 들어 있다면, 투명 망토가 아닌 투명 구슬이 되는 거죠. 어때요? (웃음)

강양구 실용성은 별로일 것 같은데요. (웃음)

박규환 맞아요. 일단 유리 구슬 안에 들어가면 자기는 절대로 빛을 내면 안 됩니다. 그러니까 빛을 흡수하는 검은 옷을 입고서 유리 구슬 안에 들어가야죠.

김상욱 아니요. 의외로 쓸모가 있겠는데요. 다이아몬드 같은 귀중품이나 혹은 보안이 절대적으로 필요한 물건을 유리 구슬 안에 숨길 수 있잖아요.

이명현 마약 같은 것도 가능하겠죠. (웃음) 할리우드 영화의 소재로 쓰면 딱 좋겠는데요.

박규환 맞습니다. 이건 실제로 비교적 저렴한 가격에 제작도 가능하죠. 그러니 어찌 보면 투명 망토에 가까운 가장 현실적인 아이디어는 학부 학생이 내놓은 거죠. (웃음)

강양구 그런데 아까 언급하셨지만, 이건 다시 거울을 이용한 마술사의 트릭으로 돌아간 느낌이에요.

박규환 네, 그렇죠. 아무튼 여기까지가 간략히 살펴본 투명 망토 연구의 역사입니다. 자료를 찾다 보니까, 캐나다의 한 방위 산업체가 투명 망토를 개발했지만 국방 기밀이라서 공개할 수 없다고 했다는 언론 보도도 있더군요. 믿거나 말거나인데요. 사기 같아요. 현재로서는 「해리 포터」에 나오는 그런 투명 망토는 불가능하다고 보는 게 일반적인 과학계의 합의입니다.

진짜 마법 같은 메타 물질

이명현 그런데 이 투명 망토 연구에 불을 댕긴 게 메타 물질이잖아요? 그 메타 물질의 가능성은 어떤가요?

박규환 메타 물질은 투명 망토보다 훨씬 더 넓은 영역입니다. 이제 메타 물질 얘기를 해 보죠. 예전에는 자연계에 존재하는 물질을 가져다 썼었죠. 그런데 지금은 그런 물질을 혼합하는 수준을 넘어서 아예 분자 크기인 나노미터(1나노미터는 10^{-9}미터이다.) 수준에서 새로운 물질을 합성할 수도 있습니다. 그렇게 자연계에 없던 성질을 가진 물질을 통칭하는 것이 바로 메타 물질입니다.

그리고 메타 물질은 투명 망토처럼 기존의 물질로는 상상할 수 없었던 새로운 가능성을 열어 주죠. 아까 언급했듯이 메타 물질은 마이너스 굴절률처럼 자연계에 없는 성질을 가지도록 인위적으로 개발할 수 있어요. 그리고 그렇게 만들어진 메타 물질은 투명 망토와 같은 상상도 못했던 가능성을 열어 줬죠.

강양구 그런데 투명 망토는 현재로서는 불가능하다면서요?

박규환 생각해 보세요. 빛뿐만 아니라 소리도 파동이죠? 음파요. 지금 아파트 층간 소음 때문에 난리잖아요. 만약에 소리가 완벽하게 반사가 된다면 아래층 사람은 불만이 없겠죠.

강양구 바닥재나 내장재에 그렇게 소리를 반사하는 메타 물질을 사용할 수 있겠군요.

박규환 그렇죠. 투명 망토가 아니라 바로 그런 지점에서 메타 물질이 이용될 수 있어요. 또 다른 예를 들어 볼까요. 열은 어떨까요? 컴퓨터든 스마트폰이든 정보 기술의 난제 중 하나가 열을 식히는 것(cooling)이죠. 그런데 열을 효과적으로 밖으로 배출시켜 주는 메타 물질이 있다면 어떨까요?

강양구 반대도 있겠죠. 아까 음파를 차단한 것처럼 열이 밖으로 빠져나가지 못하게 하는 메타 물질을 이용하면 에너지 효율을 획기적으로 높일 수 있지 않을까요?

박규환 심지어 요즘에는 지진파를 연구하는 이들도 메타 물질에 관심을 가집니다.

이명현 극단적으로, 메타 물질이 지진파를 막을 수도 있겠군요.

박규환 그렇죠. 건물을 설계할 때, 메타 물질로 지진파를 우회할 수 있도록 한다면 그 건물은 완벽한 내진이 가능하겠죠.

김상욱 지하 핵 실험을 비밀리에 할 때도 메타 물질이 쓸모가 많겠군요. (웃음) 핵 실험 사실은 보통 지진파로 확인하는데, 그 지진파를 완벽히 차단할 수 있는 메타 물질이 가능하다면요.

강양구 조선 산업에서는 메타 물질을 파도를 우회하는 데 활용할 수도 있겠군요. 파도가 배를 우회하게 되면 지금보다 훨씬 안전한 배가 될 테니까요. 정말로 마법 같은 일이군요. (웃음)

스텔스 비행기의 비밀

김상욱 아까도 군사 기술 얘기가 잠시 나왔는데, 메타 물질에 가장 관심을 보일 이들은 군대일 것 같아요. 스텔스 기술이요.

박규환 맞습니다. 지금 스텔스 기술의 핵심은 레이더와 같은 특정한 파장의 빛을 흡수하는 것인데요. 실제로 메타 물질이 가장 확실하게 응용될 부분이 스텔스 기술이죠.

강양구 여기서 잠시 스텔스 기술도 짚고 가죠. 어떤 스텔스 비행기를 수입할

지를 놓고서 논란도 있었으니까요. (웃음)

박규환 스텔스 기술은 애초 목적이 레이더에 안 잡히는 것이잖아요. 그런데 레이더의 원리가 비행기 같은 물체에 반사되어 오는 특정한 파장의 빛을 감지하는 것입니다. 그러니까 일단 물체로 들어오는 빛을 흡수하거나, 혹은 다른 방향으로 보내 버리면 레이더로부터 감지되는 걸 막을 수 있죠.

일단 시작은 레이더로부터 온 빛을 다른 방향으로 튕겨 내는 것부터였죠. 스텔스 비행기의 날개 모양이 이상하게 생겼잖아요? 특히 비행기는 날개 끝단 부분이 레이더에 감지되기 쉽습니다. 왜냐하면, 날개 끝단에서는 빛이 한 방향으로 반사되는 게 아니라 사방으로 반사되니까요. 그래서 스텔스 비행기는 빛의 반사를 최소로 하도록 날개 끝단을 설계하죠.

여기다 빛을 흡수하는 물질의 입자를 비행기의 겉면에 칠하면 스텔스 기술이 어느 정도 완성이 된 거죠. 그런데 이 스텔스 기술은 결코 완벽할 수가 없어요. 왜냐하면, 대개는 스텔스 비행기가 반사를 줄인다고 할 때, 그 대상이 되는 것은 특정한 파장의 빛이거든요. 그러니까 스텔스 기술은 특정 파장의 빛(적국의 레이더가 쏘는 빛)을 막는 데 최적화되어 있죠.

그런데 스텔스 비행기가 개발되면 당연히 상대국에서도 그런 스텔스 기술을 뚫을 새로운 레이더를 개발하지 않겠어요? 레이더에서 주로 썼던 단파(짧은 파장)가 아니라 장파(긴 파장)를 활용한다든가 하는 식이죠. 최근에는 아예 열을 감지해서 스텔스 비행기를 찾죠. 반대쪽에서는 스텔스 비행기 엔진 모양을 틀어서 열을 다른 곳으로 빠지게 하는 기술을 개발하고요.

강양구 창과 방패군요. 앞으로 메타 물질이 도입되면 스텔스 기술에 획기적인 진전이 생기겠군요.

새로운 혁신, 메타 물질

투명 망토 연구를
주도하는 영국의
존 펜드리 박사는
공공연히 노벨상 0순위로
꼽히고요.

이명현 다시 메타 물질로 돌아오죠. 실제로 메타 물질의 연구가 어떻게 진행되는지 맛보기로 보여 주면 어떨까요?

박규환 저희 연구실에서는 나노미터 크기로 된 금속의 성질을 연구합니다. 예를 들어, 금을 거의 나노 입자 크기의 분말 상태로 만들기도 하고 또 수십 나노미터 간격으로 배치해서 석쇠 그물을 만들기도 합니다. 그렇게 석쇠 그물 구조를 가진 물질은 애초의 금속과는 전혀 다른 성질, 예를 들어 굴절률이 마이너스를 띠게 됩니다. 바로 메타 물질이죠.

강양구 그런데 방금 여러 가지 예를 든 용도로 메타 물질이 사용되려면 그 양이 상당한 수준이어야 하잖아요. 예를 들어, 그렇게 나노 수준에서 물질의 구조를 재배치해서 만든 석쇠 그물 구조의 메타 물질을 과연 건물의 내장재나 외장재로 쓸 정도로 대량 생산할 수 있을까요?

박규환 그게 지금 도전해야 할 과제입니다. 사실 앞에서 예를 든 스텔스 비행기에 칠하는 금속 입자의 경우에는 어렵지 않아요. 페인트에 입자를 섞어서 칠하면 그만이죠. 하지만 석쇠 그물 구조의 메타 물질을 크게 만드는 것은 굉장히 어려운 일이죠. 이건 저 같은 물리학자뿐만 아니라 공학자에게도 엄청난 난제입니다.

그런데 지금 3D 프린팅 기술이나 나노 프린팅 기술이 등장하면서 그 가능성이 높아지고 있어요. 그 때문인지 요새는 낙관하는 분위기가 대세입니다. 앞으로 이 분야에서 커다란 혁신이 있을 거예요.

강양구 그럼, 선생님 연구실에서 만든 석쇠 구조의 메타 물질은 어디에 이용되는 건가요?

박규환 일단 기존의 얇은 금속 막을 대체할 가능성이 있죠. 예를 들어, 투명 전극을 만들 수 있어요.

전극은 전류가 흐르는 부품이죠. 그런데 기존의 전극은 불투명합니다. 태양 전지는 태양광을 전기로 변환시키는 장치죠. 만들어진 전기가 흘러야 하니까 전극이 필수적이죠. 그런데 전극이 불투명하니까 그 부분은 빛이 차단되잖아요? 만약 투명 전극을 만들 수 있다면 태양 전지에서 빛을 차단하는 부분이 없으니 효율이 높아지겠죠.

LED(Light Emitting Diode)도 비슷하죠. LED는 전기로 빛을 내는 장치잖아요? 당연히 전기가 흐르는 전극이 있어야 합니다. 그런데 기존의 전극은 불투명하니까, 어느 정도는 빛을 차단할 수밖에 없어요. 만약 투명 전극이 있다면 전기가 만든 빛이 전혀 차단이 안 되겠죠. 이렇게 되면, 당연히 LED의 효율이 높아집니다.

김상욱 보충하면, 금속은 전기가 잘 통하는 대신에 언제나 빛을 반사합니다. 만약 빛을 전혀 반사하지 않으면서도 전기가 잘 통하는 투명 전극이 있다면 그건 금속의 단점을 보완하는 새로운 물질이 되겠죠.

박규환 맞습니다. 앞에서도 살폈지만, 투명하다는 것은 빛이 잘 통과한다는 것이잖아요? 사실 투명 망토가 영화나 SF 때문에 유명해지긴 했지만 실제로는 이렇게 반사를 최소화하는 장치에서 활용될 수 있을 거예요. 스텔스 기술을 연구하는 이들로서도 눈독을 들일 법한 메타 물질이죠.

투명 망토를 넘어서

강양구 이제 얘기를 정리할 시간입니다. 아까도 잠시 나왔습니다만, 궁극의 투명 망토는 유리 구슬 안에 집어넣는 건가요? (웃음)

박규환 그런데 한 가지 난점이 또 있네요. 유리 구슬 역시 프리즘 효과 때문에 특정 파장의 빛에만 효과가 있어요. 빨주노초파남보 가시광선 영역 중에서도 노란색 영역의 파장이 특히 잘된다고 들었어요. 그러니까 현재로서는 일상 생활의 가시광선에 다 적용되는 궁극의 투명 망토는 어떤 식으로든 힘들 것 같네요. 실망스럽죠? (웃음)

이명현 그런데 투명 망토가 도대체 왜 필요하죠?

박규환 그러게요. 왜 필요할까요? 저도 궁금한데……. (웃음)

김상욱 보통 여자 혹은 남자 목욕탕에 가려고요? (웃음)

이명현 익명성에 대한 갈구 아닐까요? 자기를 숨기고 금기를 깨고 싶은 욕망의 투영이요.

박규환 그런데 투명 망토를 썼다고 하더라도 박쥐는 금방 알아채겠죠. 초음파를 써서요.

강양구 체온도 감출 수 없겠죠. 실제로 투명 인간을 소재로 다룬 폴 버호벤 감독의 「할로우 맨」을 보면 신체에서 발산되는 열을 감지하는 적외선 안경으로 투명 인간이 간파당하잖아요.

박규환 더구나 투명 망토가 있더라도 그건 은신용이에요. 왜냐하면, 투명 망토 안에서는 밖을 볼 수가 없어요. 물론 투명 인간도 마찬가지죠. 눈만 까맣지 않은 한은 맹인이니까요. 그러니 투명 망토든 투명 인간이든 사실 쓸모가 없는 겁니다. (웃음) 그래서 펜드리 박사가 과연 노벨상을 받을 만한 연구를 한 거냐, 이런 회의가 과학계에서 실제로 있어요.

이명현 오늘 얘기를 듣고 보니, 진짜 과학의 혁신은 메타 물질이 앞으로 어떤 가능성을 보여 줄지에 달려 있는 것 같군요.

강양구 언론에서 투명 망토 얘기를 하도 많이 해서, 당장 「해리 포터」의 투명 망토가 가능하리라고 믿었던 독자들은 오늘 실망 좀 하겠는데요. (웃음)

하지만 오늘은 투명 망토 얘기를 하면서 빛의 이모저모를 살피고 또 '본다는 것'의 의미를 성찰할 수 있었으니 그것만으로도 굉장히 의미가 있었던 것 같습니다. 또 투명 망토보다 더 마법 같은 메타 물질의 세계도 살짝 들여다봤고요. 특히 박규환 선생님, 오늘 고생 많으셨습니다.

박규환 고맙습니다.

불가능한 것을 꿈꿔라!

만 두 살배기 아이는 요즘 한창 숨바꼭질에 재미를 붙였습니다. 아빠를 거실에 두고서 쏜살처럼 방안으로 뛰어 들어갑니다. 과장된 몸짓으로 큰소리를 내면서 뒤따라가 보면, 아이가 침대 위에서 이불을 머리에 뒤집어쓰고 있습니다. 손발은 밖에 그대로 나와 있는 채로요. 순간 피식 웃음이 나왔습니다.

케임브리지 대학교의 제임스 러셀 등의 실험을 통해서 잘 알려진 사실이 떠올랐기 때문이죠. 두 살에서 네 살 아이의 눈을 가리면, 그 아이는 자신처럼 다른 사람도 자기를 보지 못한다고 생각합니다. 아기들이 '까꿍' 놀이를 유난히 좋아하는 것도 마찬가지 이유겠죠. 자기가 투명 인간이 되었다가 다시 나타나는 과정이 반복되니 얼마나 신나겠어요.

이렇게 까꿍 놀이에 즐거워하는 아이를 보면서, '본다는 것'이 얼마나 중요한지 새삼 실감합니다. 아이는 보고(주체) 또 보이는(객체) 과정을 통해서 비로소 정신과 육체를 하나로 묶어서 온전한 자신의 정체성을 형성합니다. 그리고 타인과의 시선의 주고받음을 통해서 자신의 정체성을 (사회) 관계 속에 위치시키죠.

투명 인간에 대한 아주 오랜 욕망의 근원도 바로 이 대목에 있을지 모릅니다. 보이지 않는 존재가 된다는 것은 곧바로 자신을 묶고 있던 온갖 관계로부터의 해방을 의미하니까요. 타인과의 관계에서 벗어남은 물론이고, 자신을 옭아매던 육체로부터도 벗어날 수 있습니다. 이런 모든 속박으로부터 벗어난 상태야말로 바로 상상 속의 신에 가장 가까운 모습이죠.

실제로 기독교를 비롯한 여러 종교에서 신이 세상을 창조하면서 "빛이 있으라!" 이렇게 말했다고 하잖아요. 곰곰이 생각해 보면, 이 말은 곧 "내가 모든 것을 보리라!"로 바꿔 볼 수도 있겠습니다. 앞으로는 보이지 않는 것, 즉 투명한 것을 용인하지 않겠다는 신의 엄포죠. 그러니 투명 인간은 바로 이 신의 권위에 도전하는 것이죠.

본다는 것이 진화 과정에서 했던 중요한 역할을 염두에 두면 더욱더 경이롭습니다. 5억 4300만 년 전에서 5억 3800만 년 전까지의 500만 년은 지구의 역사에서 가장 미스터리한 고리입니다. 35억 년 전 지구에 최초의 생명체가 나타나고서, 달아오르기만 하고서 쉽게 끓지 않았던 생명의 용광로가 대폭발을 일으킨 시점이니까요.

이 기간에 갑작스럽게 수많은 생명이 모습을 드러냈습니다. 그리고 '캄브리아기 대폭발'로 불리는 이 변화를 놓고서 일군의 과학자는 지금 이 순간에도 한창 논쟁 중이죠. 그중에서 가장 매력적인 설명은 『눈의 탄생』(오숙은 옮김, 뿌리와이파리, 2007년)으로 국내에도 소개된 앤드루 파커의 '빛 스위치 이론'입니다.

파커에 따르면, 이 시기에 비로소 빛을 식별할 수 있는 눈이 등장했고 그 눈이 빛과 만나는 순간 생명의 스위치가 켜졌습니다. 심해나 동굴 깊은 곳을 제외한 지구의 모든 곳을 자극하는 빛은 눈을 매개로 순식간에 지구의 모든 생명체를 강력한 관계망 속으로 묶기 시작했죠. 시선의 권력을 획득한 생명체와 이를 회피하려는 생명체 간의 생존 투쟁이 그것이죠.

어떻습니까? 본다는 것의 힘 그리고 그 힘을 가능케 한 빛의 신비를 염두에 두면, 자연의 진화와 인간의 역사 또 과학과 종교의 거리가 생각보다 멀지 않은 것 같습니다. 마침 이 글을 마무리하는 시점에 "보이지 않는 것의 유혹(The Dangerous Allure of The Unseen)"이라는 부제를 단 《네이처》의 편집자를 지냈던 필립 볼의 『인비저블(*Invisible*)』 출간 소식을 접했습니다.

문학, 종교, 역사, 철학 그리고 아니나 다를까 이번 수다의 주인공인 음의 굴절률을 가진 메타 물질과 같은 과학을 넘나들며 투명성(Invisibility)에 대한 온갖 것들을 훑는 이 책의 맨 마지막 문장은 이렇습니다. "투명성의 역사가 보여 주듯이, 신화는 단지 과학자를 위한 청사진이 아닙니다. 신화는 그보다 더 중요합니다."

볼의 문장을 염두에 두고서 한마디만 덧붙이자면, 지금 과학의 혁신을 가로막는 진짜 장애물은 바로 우리의 상상력 고갈이 아닐까요? 그렇게 상상력이 사라진 자리를 피(전쟁)나 돈(기업)과 같은 지극히 물질적인 것들이 차지해 왔고요. 항상 그렇듯이 혁명은 바로 다음 구호에서 시작했습니다. '불가능한 것을 꿈꿔라!'

안보이면
반칙!
굴절률 1

핵융합

'인공 태양'으로 태양에 도전하라

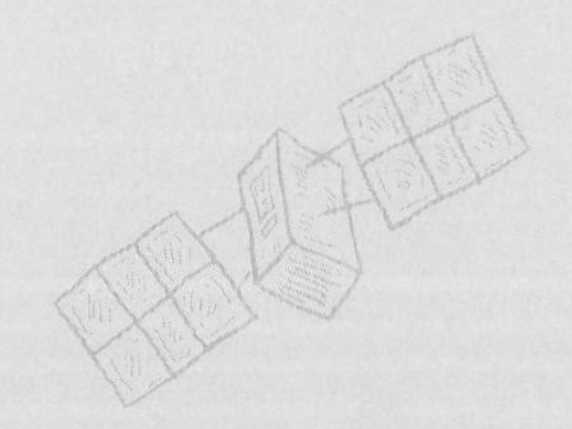

장호건
국가 핵융합 연구소
선행 물리 연구부장

김상욱
경희 대학교
물리학과 교수

이명현
과학 저술가 /
천문학자

강양구
지식 큐레이터

후쿠시마 사고 이후에 핵 발전소를 둘러싼 불안감이 부쩍 커졌습니다. 세계 곳곳에서 '핵 없는 세상'을 꿈꾸는 이들의 목소리가 갈수록 커지고 있습니다. 핵 발전소가 인류가 제정신을 잃고 있었던 제2차 세계 대전의 와중에 등장한 원자 폭탄에서 비롯된 것이라는 사실을 염두에 두면, 이런 자각은 늦은 감이 있습니다.

그런데 한쪽에서 핵 발전소의 문제점을 지적할 때마다 목소리가 커지는 에너지가 있습니다. 바로 핵융합 에너지입니다. 핵융합 에너지는 우라늄 원자핵이 분열할 때 나오는 에너지를 이용하는 핵 발전소와는 달리, 이름 그대로 수소 원자핵이 결합해서 헬륨 원자핵으로 변할 때 나오는 에너지를 이용합니다.

핵융합 에너지를 옹호하는 이들은, 이것이야말로 인류가 바라던 '꿈의 에너지'라고 주장하죠. 그것은 첫째 고갈되지 않으며, 둘째 안전하고, 셋째 이산화탄소와 같은 지구를 데우는 온실 기체를 내놓지 않고, 넷째 핵 발전소가 내놓는 반감기가 아주 긴, 그래서 오랫동안 관리해야 할 방사성 폐기물을 내놓지 않을 것이라고 기대됩니다.

사실 핵융합 에너지에 대한 이런 과학자의 열정은 비행기를 개발한 라이트 형제의 그것과 비슷할지도 모릅니다. 하늘을 나는 새들을 보면서 인간을 태우고 나는 '탈 것(비행기)'을 꿈꿨던 라이트 형제처럼, 과학자들은 태양을 보면서 핵융합 에너지의 꿈을 키웠기 때문입니다. 태양과 같은 별에서 에너지를 만드는 방식이 바로 핵융합 에너지거든요.

물론 핵 발전소와 마찬가지로 핵융합 에너지도 그 기원은 냉전과 무관하지 않습니다. 냉전 시기 원자 폭탄에 이어서 등장한 수소폭탄이 바로 핵융합 에너지를 이용한 것이니까요. 수소폭탄은 원자 폭탄을 1차로 터뜨려 얻은 고에너지를 이용해서 수소 원자핵과 수소 원자핵이 결합할 때 나오는 에너지를 무기로 이용한 것이죠.

이런 수소폭탄을 보면서, 러시아의 안드레이 사하로프(1921~1989년) 같은 과학자들은 핵융합 에너지를 무기가 아닌 다른 방식으로 이용할 가능성을 모색합니다. 1950년대부터 핵융합 발전이 등장한 것이죠. 그리고 반세기가 지난 지금, 핵융합 발전은 어디까지 와 있을까요? 잊을 만하면 언론에 등장하는 '인공 태양'의 실체는 무엇일까요?

핵융합 반응이 가능하려면 수천만 도(℃), 아니 수억 도까지 온도를 올려야 하는데, 그게 어떻게 가능할까요? 또 그런 고온의 핵융합 반응은 도대체 어디서 이뤄질까요? 그런 고온을 견딜 수 있는 물질이라도 개발된 것일까요? 수소를 이용해서 에너지를 얻는 핵융합로는 정말로 꿈의 에너지일까요?

우리가 핵융합 에너지에 관심을 가져야 하는 이유는 또 있습니다. 우리나라는 김영삼 정부 때부터 핵융합 연구에 박차를 가해 왔죠. 박근혜 정부도 매해 1400억 원대, 2035년까지 총 4조 7000억 원을 핵융합 연구에 지원하기로 했습니다. 이런 사정을 염두에 두면 핵융합 에너지의 현재 상황을 파악하는 일은 과학 기술 시대를 살아가는 시민의 필수 교양입니다.

과학 수다가 핵융합 에너지에 주목한 것은 바로 이런 사정 때문입니다. 국가 핵융합 연구소에서 토카막 플라스마를 연구하는 장호건 박사가 기꺼이 가이드로 나섰습니다. 물리학자 김상욱 박사와 천문학자 이명현 박사, 강양구 기자가 독자를 대신해 질문을 던졌습니다. 자, 태양에 맞서는 불가능해 보이는 도전, 그 현장으로 여러분을 초대합니다.

태양 에너지의 비밀

강양구 오늘은 '꿈의 에너지'로 불리는 핵융합 에너지를 놓고서 수다를 떨어보겠습니다. 우선 핵융합이 무엇인지부터 알아보는 게 순서겠네요. 사실 핵융합 에너지를 놓고서 기자들이 가장 즐겨 쓰는 비유는 '인공 태양'입니다. 2007년에 한 신문에 나온 기사 제목이 아직도 생생한데, 제목이 이랬죠. "1억 도 인공 태양 핵융합로 세계 여섯 번째 뜬다." (웃음)

장호건 일단 제가 말문을 열죠. 핵융합의 원리는 물리학에서 제일 유명한 아인슈타인의 등식 $E=mc^2$에서 나왔습니다. 그 얘기를 더 하기 전에 시야를 아주 넓혀서 우주가 탄생하는 순간을 되돌아보죠. 대폭발 직후 우주에는 원자 번호 1번인 수소(H)밖에 없었어요. 여기서 곧바로 질문이 이어지죠. '그럼, 수소 이외의 다른 원소는 어떻게 생겼나?'

여기서 과학자는 수소 원자들이 결합해서 헬륨(He)과 같은 새로운 원소가 만들어질 가능성을 검토하게 됩니다. 이런 가설은 나중에 사실로 밝혀졌죠. 그러니까, 간단히 설명하면 양성자 1개를 가진 수소의 원자핵 2개가 결합해서 양성자 2개를 가진 헬륨의 원자핵이 되는 거예요. 이런 과정을 거쳐서 원자 번호 2번인 헬륨이 탄생합니다.

보통 사람들이 플라스마가 무엇인지 감을 잡기 쉬운 예가 있어요. 바로 불이죠.

그런데 이렇게 수소가 결합해서 헬륨이 되는 과정에서 질량이 약간 작아져요. 바로 이 질량(m) 차이에 빛의 속도(c)의 제곱을 곱한 만큼이 엄청난 양의 에너지로 나오죠($E=mc^2$). 이 에너지가 대폭발 이래로 태양을 비롯해서 우주에 존재하는 모든 별들이 빛을 낼 수 있는 원천이고요.

강양구 그럼, 지금도 태양에서는 수소들이 계속해서 핵융합을 통해서 헬륨을 만들어 내고 있겠군요. 그리고 그 과정에서 에너지가 나오는 거고요.

장호건 그렇죠. 그런데 태양 전체가 그런 핵융합 반응을 하는 건 아닙니다. 태양 중심부의 핵에서만 핵융합 반응이 진행됩니다. 그런데 의외로 그 반응 속도가 굉장히 느립니다.

이명현 태양의 핵융합 반응은 효율이 굉장히 낮아요. 사람의 몸속에서 에너지를 만들어 내는 반응의 3분의 1에서 4분의 1 정도밖에 안 될 정도로 굉장히 천천히 일어나는 반응이에요.

장호건 다행스러운 일이죠. 만약에 태양에서의 핵융합 반응이 굉장히 빠른 속도로 일어난다면, 태양이 빨리 타 버릴 것 아녜요.

이명현 맞습니다. 태양에서 일어나는 핵융합 반응은 사실은 자신을 태우고 있는 거예요. 앞으로 40억 년 정도 더 태울 거고요. 그다음에는 헬륨으로 바뀌는데, 이런 헬륨이 핵융합 반응으로 다른 원소로 바뀌는 시간은 굉장히 짧거든요. 탄소, 질소, 산소 등이 연쇄적으로 만들어지는데, 이런 과정을 거치면 태양이 결국 죽죠.

강양구 그럼, 우리가 보는 태양 빛의 근원은 상당히 오래전에 만들어진 것으로 봐도 되겠군요.

이명현 약 6,000도의 태양 표면에서 나온 빛이 지구에 도달하는 시간은 약 8분 20초입니다. 그런데 사실 그 빛의 근원이 되는 에너지는 수백만 년 전에 태양의 중심부에서 핵융합 반응으로 만들어진 거예요. 그러니까 비유하자면 우리는 수백만 년 전에 만들어진 에너지가 빛으로 바뀐 걸 보고 있는 거죠.

플라스마, 제4의 물질 상태

강양구 그런데 태양 얘기를 하다 보면 '플라스마(plasma)', 이런 단어가 튀어나옵니다. 태양 내부가 플라스마 상태라고들 하는데요. 도대체 플라스마는 뭔가요?

장호건 플라스마는 보통 '제4의 물질 상태'라고 부릅니다. 그러니까, 고체를 끓이면 액체가 되고, 액체를 끓이면 기체가 되잖아요. 이 세 가지가 우리가 아는 물질의 상태죠. 그런데 이렇게 고체, 액체, 기체로 물질이 변하는 이유가 뭔가요? 바로 열을 가하는 것, 즉 에너지를 주기 때문이잖아요.

그럼, 기체 상태의 물질이 더 많은 에너지를 받으면 어떻게 될까요? 어떤 온도 이상이 되면 원자(원자핵+전자)를 구성하는 전자들이 떨어져 나갑니다. 수소를 놓고 보면, 이 상태에서 수소는 전자가 떨어져 나간 양전기를 띠는 수소 이온(H^+)과 음전기를 띠는 전자가 뒤얽힌 모습이 됩니다.

당연히 양전기와 음전기를 띠는 이온과 전자가 뒤얽혀 있으니 이들은 상호 간에 당기고, 밀어내는 전기적 상호 작용을 하겠죠. 바로 이런 상태가 플라스마입니다.

이명현 우리가 고등학교 과학 시간에 '이온화'라는 단어를 배웠잖아요. 전기적으로 중성 상태인 원자가 전자를 잃으면 양이온이 되고, 전자를 얻으면 음이온이 된다는. 그것과 플라스마 상태는 어떤 관계인가요?

장호건 지금 우리가 대화를 나누는 이 공간에서도 눈에 보이지 않는 수많은 물질이 기체 상태로 있겠죠. 그런데 그 물질 중에 어떤 것은 이미 전자가 떨어져 나가거나 덧붙어서 양이온이나 음이온이 된 경우도 있을 거예요. 그런데 지금 이곳의 물질 상태를 플라스마라고 부르지는 않습니다.

플라스마는 이 공간의 모든 기체가 이온화될 수 있을 정도의 에너지를 갖고 있는 상태겠죠. 이곳의 모든 기체가 다 이온화가 되려면 최소 섭씨 20만 도 이상의 온도가 필요할 거예요. (웃음)

김상욱 보통 사람들이 플라스마가 무엇인지 감을 잡기 쉬운 예가 있어요. 바로 불입니다.

강양구 불이요?

김상욱 어렸을 때 양초에 불을 붙이면서 이런 질문 안 했어요? 양초는 고체고, 거기에 불이 붙으면 양초가 녹아서 액체가 되고, 결국 기체가 되잖아요. 그런데 불은 도대체 뭘까요? 바로 그 불이 플라스마예요. 고온 상태에서 기체에서 전자가 떨어져 나가 이온과 전자가 뒤엉혀 있는 모습이 우리 눈에 불처럼 보이는 거지요.

태양 빛의 근원이 되는 에너지는 수백만 년 전에 태양 중심부에서 핵융합 반응으로 만들어진 거예요.

장호건 고대 그리스의 철학자였던 엠페도클레스가 4원소설을 주창했잖아요. 만물이 물, 불, 공기, 흙의 네 가지 원소로 이뤄져 있다는 가설이요. 직관적으로 세상의 진실을 간파한 거죠. (웃음) 흙은 고체, 물은 액체, 공기는 기체, 불은 플라스마. 아무튼 태양이 바로 플라스마 상태입니다. 그럴 수밖에 없죠. 태양 내부의 에너지가 아주 높으니까요.

강양구 그런데 플라스마 상태의 특별한 특징이 있나요?

장호건 일단 에너지가 높아요. 그러니 지구상에서 플라스마 상태는 흔치 않죠. 그렇게 높은 에너지에서 살아갈 수 있는 생명체는 없잖아요. 반면에 우주 공간에서 우리가 알고 있는 물질의 99퍼센트는 플라스마 상태래요. 특히 태양 같은 항성과 항성 사이에 존재하는 성간 물질이 바로 플라스마 상태로 존재하죠.

아까 플라스마 상태에서 양이온과 전자는 전기적 상호 작용을 한다고 했잖아요? 그런데 그 상호 작용이 이뤄지는 거리가 상당히 길어요. '쿨롱의 힘(coulomb's force)'을 들어 봤죠. 전기적 성질을 띠는 두 물질 사이에 작용하는 힘인데요. 이 힘은 아주 강한 힘이에요. 그리고 이 힘은 양쪽 물질 사이의 거리(r)의 제곱에 반비례해서 당기거나 밀어내죠.

바로 여기서 플라스마의 고유한 특징이 나옵니다. 양전기를 띠는 양이온 주변에는 음전기를 띠는 전자가 모이겠죠. 그런데 이 양이온이 움직이면 어떻게 될까요? 양이온을 따라서 음전기도 같이 움직일 거 아녜요? 그런데 플라스마는 엄청나게 많은 숫자의 양이온과 전자가 모여 있는 거잖아요? 그럼, 전체적으로 보면 어떻게 될까요?

마치 물이 흐르는 것처럼 플라스마의 전체적 움직임은 유체가 움직이는 것과 흡사해요. 그런데 물이 흐르는 모습이 굉장히 복잡하잖아요? 외부의 작은 자극에도 굉장히 민감하게 반응하고, 담는 그릇에 따라 모양을 바꾸고, 또 장애물을 만나면 어떤 방향으로 휘감아 돌아갈지도 모르고. 이런 유체의 다양하고 복잡한, 비유하자면 도깨비 같은 성질을 플라스마가 그대로 가지고 있어요.

김상욱 끈적이고 걸쭉하지만 흐르는 죽과 같은 상태라고 생각해도 될까요? (웃음) 이게 참 재밌어요. 고체가 온도를 높이면 액체가 되고 온도를 더 높이면 기체가 되잖아요. 그런데 거기서 온도를 더 높이면 다시 유체는 아닌데 유체와 비슷한 성질을 띠는 이상한 상태가 되잖아요.

장호건 대충 유체라고 생각해도 무방해요. (웃음) 물론 외부 자극이 없으면 플라스마 상태도 상대적으로 안정적이에요. 안정적이라고 해 봤자 에너지가 굉장히 높잖아요? 그러니 실제로는 자기들끼리 끊임없이 상호 작용을 하겠죠. 하지만 그런 상호 작용이 일종의 동적 평형 상태를 이루기 때문에, 겉으로 보면 안정적으로 보이는 겁니다.

그런데 일단 아주 작은 외부 자극이 오면 이런 동적 평형 상태가 깨지면서 굉장히 복잡한 형태의 운동을 하며 반응을 합니다. 물론 이 외부 자극은 주로 양전기나 음전기를 띠는 전기적 자극이죠. 사실 이런 운동은 플라스마가 다시 새로운 동적 평형 상태로 돌아가려는 몸부림이라고 볼 수 있겠죠.

강양구 그럼, 플라스마 상태의 태양이나 별이 사실은 굉장히 안정한 상태라고 생각해도 될까요? 핵융합 반응이 격렬하게 일어나고 있지만 우리가 별로 걱정을 할 필요가 없는…….

김상욱 굉장히 안정된 상태죠.

이명현 일단 중심부에서 일어나는 핵융합 반응이 만들어 내는 에너지가 태양과 같은 별이 중력으로 인해서 쪼그라드는 걸 막아 주거든요.

10억 도까지 올려라!?

김상욱 그런데 여기서 새삼 확인할 게 있어요. 도대체 플라스마와 핵융합이 무슨 관계가 있기에 이렇게 플라스마 얘기를 길게 하고 있죠? (웃음)

장호건 아, 우리가 지금 핵융합 얘기를 하고 있었죠. (웃음) 아까 가장 기본적인 핵융합 반응은 수소 원자핵과 수소 원자핵이 결합해서 헬륨 원자핵을 만드는 것이라고 말했죠? 그런데 수소 원자핵은 양전기잖아요. 아까 쿨롱의 힘 얘기했죠? 똑같은 양전기를 띠는 수소 원자핵끼리 결합시켜 놨으니, 밀어내는 힘이 얼마나 강하겠어요.

그런데 그런 밀어내는 힘을 극복하고서 두 수소 원자핵이 결합을 해야 헬륨 원자핵이 만들어집니다. 두 수소 원자핵이 반발력을 극복하면서 계속해서 다가가 충분히 가까워지면, 어느 순간에 갑자기 둘이 합쳐지는 현상이 나타나요. 그런데 이런 현상이 가능하도록 두 원자핵 사이의 반발력을 이겨내려면 굉장히 큰 에너지가 필요합니다.

김상욱 다시 한 번 설명해 볼게요. 다른 과학 수다에서도 몇 차례 반복해서 나오긴 했지만 우주에는 네 가지 힘이 존재합니다(전자기력, 강한 핵력, 약한 핵력, 중력). 지금 문제가 되는 것은 전자기력과 강한 핵력이에요. 전기를 띤 두 원자핵이 멀리 있을 때는 전자기력(쿨롱의 힘)이 작용하죠. 당연히 서로 밀어내죠.

그런데 이 두 원자핵이 어떤 기준치 이상 가까워지면 강한 핵력이 작용을 하면서 에너지를 내놓으며 결합합니다.

강양구 그 강한 핵력은 전자기력보다 강하죠? 대충 정리해 보면 이런 식이죠. 강한 핵력 > 전자기력 > 약한 핵력 ≫ 중력.

장호건 맞아요. 방금 얘기했듯이 일단 강한 핵력이 작용하는 곳까지 두 원자핵을 근접시키려면 고에너지가 필요합니다. 당연히 이런 고에너지 상태에서는 원자핵과 전자의 결합이 끊어져서 플라스마가 되겠죠. 그러니 핵융합과 플라스마는 떼려야 뗄 수 없죠. 고온 핵융합 반응은 플라스마 상태에서만 가능할 테니까요.

강양구 이제 여기서 본격적으로 핵융합 에너지를 어떻게 얻을 수 있는지 차근차근 살펴보죠. 우선 수소 기체를 밀폐된 공간에 집어넣고 플라스마 상태를 만드는 게 첫 번째인가요?

장호건 맞아요. 일단 어떤 공간에 수소 기체를 넣습니다. 아까 얘기했듯이 그 수소 기체 중에는 평소에도 이온화가 되어서 양전기를 띠는 수소 이온과 전자가 분리된 게 있겠죠. 여기에 강력한 전기장을 걸어 줘요. 그럼, 전자가 가속을 받겠죠. 그렇게 가속된 전자가 중성 상태의 수소 원자를 때려서 이온화를 시켜요. 거기서 튀어나온 전자가 또 다른 수소 원자를 때리죠.

이런 반응이 연쇄적으로 반복되면 최종적으로 수소 이온과 전자가 분리된 플라스마 상태가 만들어집니다. 이미 이 상태에서도 온도가 상당히 높아져요.

당연한 일이죠. 콘크리트 바닥에서 아이가 넘어지면 화상이 생기잖아요? 바로 콘크리트와 피부가 마찰하면서 생긴 열 때문에 생긴 화상이죠. 수소 이온과 전자도 마찬가지입니다.

눈에 보이지 않을 뿐이지 수소 이온과 전자가 서로 충돌하는 공간은 아수라장일 거예요. 그렇게 서로 충돌하는 과정에서 저항이 발생하고, 그 저항만큼 에너지(열)가 만들어집니다. 그런데 이렇게 올릴 수 있는 데는 한계가 있어요. 왜냐하면, 온도가 높아지면 높아질수록, 수소 이온이나 전자가 사방으로 돌아다닐 테고 그러다 보면 만나서 충돌할 확률이 낮아질 테니까요.

강양구 온도가 얼마나 올라갑니까?

장호건 이렇게 올릴 수 있는 온도는 약 1000만 도, 잘해야 2000만~3000만 도 정도예요. 그런데 이 정도 온도로는 전자기력을 극복하고 두 원자핵이 충돌할 만한 고에너지 상태를 만들기에는 턱없이 모자라요.

김상욱 핵융합 반응이 가능하려면 온도가 몇 도까지 올라야 하는데요?

장호건 핵융합 반응의 원료에 따라서 달라요. 중성자가 없는 보통의 수소(양성자 1개+전자 1개)로는 핵융합 반응을 유도하는 게 불가능하고요. 가장 낮은 온도에서 핵융합 반응이 나타나는 건 중수소(양성자 1개+중성자 1개+전자 1개)-삼중수소(양성자 1개+중성자 2개+전자 1개) 반응이죠. 그런데 삼중수소는 방사성 물질이라서 함부로 실험을 할 수 없고요.

김상욱 보통의 수소로는 왜 불가능한가요?

이명현 아까도 얘기했잖아요. 태양에서 일어나는 핵융합 반응이 보통의 수소끼리 결합하는 거예요. 그런데 그 효율이 인체에서 에너지를 만들어 내는 것과 비교해도 3분의 1에서 4분의 1 정도밖에 안 됩니다. 그러니 그렇게 수소끼리 핵융합 반응을 시키는 건 사실상 현실성이 없죠.

김상욱 그럼, 핵융합 반응의 원료가 자연 상태에 널려 있다는 얘기는 과장된 거군요.

장호건 중수소는 무한하죠. 바닷물 1리터(1,000그램)에 약 0.03그램이 들어 있어요. 우리나라의 핵융합로(Korea Superconducting Tokamak Advanced Research, KSTAR)는 중수소와 중수소를 이용해서 핵융합 실험을 하려고 합니다. 그런데 이 실험이 가능하려면 핵융합 장치의 온도를 10억 도까지 올려야 합니다.

강양구 10억 도요? 그렇게 온도를 올리는 게 가능해요?

장호건 일단 들어 보세요. (웃음) 방금 얘기했듯이 전기장을 걸어 줘서 올릴 수 있는 온도는 잘해야 3000만 도 정도예요. 그래서 온도를 더 올리려고 아주 무식한 방법을 계속 사용합니다. 우선 뜨거운 물을 부어요. (웃음) 비유를 한 건데요, 바깥에서 고에너지로 가속된 중성자 빔을 쏴 주는 거예요. 따지고 보면 찬물에 뜨거운 물을 붓는 것과 비슷한 일이죠.

또 다른 건 전자레인지랑 비슷해요. 전자레인지의 원리가 전자기파를 쏴 줘서 먹을거리 안에 들어 있는 물 분자를 진동시키는 거잖아요. 그렇게 진동할 때 나오는 운동 에너지가 열로 전환되면서 먹을거리를 데우는 거고요. 비슷합니다. 외부에서 전자기파를 쏴 줘서 플라스마 상태의 수소 이온과 전자를 진동시켜서 계속해서 운동 에너지를 내놓도록 만드는 겁니다.

정말로 무식한 방법이죠? (웃음) 개인적으로 인간이 고전 역학을 이용해서 만든 장치 중에서 제일 무식한 장치라고 생각하는데 어떤가요? (웃음)

강양구 정말로 하이 리스크 하이 리턴이군요. 많은 에너지를 투여한 다음에, 그것보다 훨씬 더 많은 에너지를 얻겠다는……. 그런데 그렇게 무식한 방법을 써서 올릴 수 있는 온도가 몇 도인가요?

장호건 현재까지는 1억 도 정도예요. 중수소와 중수소가 핵융합 반응을 하려면 10억 도까지 온도를 올려야 하는데 아직 그 10분의 1 수준인 거예요.

강양구 그럼, 핵융합 반응이 불가능한 건가요?

장호건 그건 아니에요. 핵융합 장치 안에 있는 중수소의 상태를 통계적으로 보면 정규 분포 곡선을 그려요. 즉 1억 도에서 대부분의 중수소는 핵융합 반응을 하지 않지만 끄트머리에 있는 일부는 1억 도에서도 핵융합 반응을 하거든요. 물론 온도를 더 높이면 정규 분포 곡선이 더 벌어져서 핵융합 반응을 하는 중수소의 숫자가 늘어날 테고요.

이명현 말이 쉽지 엄청 어려운 작업이죠?

장호건 그렇게 정규 분포 곡선을 한 번 벌릴 때마다, 온도를 높이는 데 수백억 원이 든다고 합니다.

1억 도의 물질을 어디에 담을까?

강양구 들으면 들을수록 그 스케일이 상상을 뛰어넘는데요. 그런데 지금까지 1000만 도, 3000만 도, 1억 도 심지어 10억 도 등 상상을 초월하는 온도가 언급되고 있습니다. 그런데 지구상에 도대체 이런 고온을 견딜 수 있는 물질이 존재하나요? 도대체 플라스마를 어디에 가둬 놓나요?

장호건 과학사를 살펴보면 굉장히 쉬울 것으로 생각했다가 나중에 엄청난 난제가 된 경우도 있고, 또 불가능해 보였던 것이 상대적으로 쉽게 해법을 찾기도 하잖아요. 일단 핵융합 반응의 경우에는 처음에는 후자처럼 보였어요. 바로 자기장을 이용해서 고온의 플라스마를 밀폐된 공간에 가두는 겁니다.

김상욱 자기장!

장호건 맞아요. 전기를 띤 물질의 이동 경로에 자기장을 걸어 주면 원래 이동 방향과 수직으로 자기력이 작용합니다. 그렇다면, 도넛 모양의 터널을 만들고 그 바깥에 자기장을 걸어 주면 어떻게 될까요? 도넛 모양의 터널 안을 전기를 띠는 플라스마가 빙빙 돌겠죠. 굳이 1억 도, 10억 도와 같은 고온을 견디는 물질을 찾을 필요가 없죠.

김상욱 고온의 플라스마는 터널 안을 빙빙 돌 뿐 벽에 닿지 않겠죠.

강양구 대단한데요. 정말 손쉬운 해결책을 찾았군요.

장호건 처음에는 그렇게 보였어요. (웃음) 그런데 도넛 모양으로 플라스마를 가뒀더니 자꾸 갇혀 있지 않고 밖으로 튀어나오는 거예요. 플라스마가 자기장을 가로질러서 밖으로 빠져나가는 겁니다. 바로 여기서부터 플라스마와 과학자 사이의 끝이 보이지 않는 힘겨루기가 시작됩니다.

김상욱 자꾸 플라스마를 생명체처럼 말씀을 하시네요. (웃음)

장호건 요즘에는 정말로 생명체처럼 보여요. (웃음) 실패의 원인은 여러 가지가 있지만 대표적인 게 도넛 모양의 자기장에 따른 불안정성의 발현이에요. 도넛 모양을 실로 감는다고 생각해 보세요. 안쪽은 실이 촘촘하고 바깥쪽은 실이 듬성듬성하겠죠. 이 실이 바로 전기장을 발생시키는 전기가 흐르는 코일이거든요. 당연히 도넛의 안쪽은 코일이 조밀하니까 자기장이 세고, 바깥쪽은 코일이 느슨하니까 자기장이 약하겠죠. 이런 자기장 차이가 플라스마를 구성하는 입자의 불안정성을 낳겠죠.

아무튼 도넛 모양의 밀폐 장치로는 플라스마를 가둘 수 없다는 사실이 확인되었어요. 그 후에 과학자들이 골머리를 앓다가 고리 모양으로 나선형 자기장을 형성하면 입자가 표류해서 플라스마가 불안정해지는 문제를 해결할 수 있다는 사실을 발견했죠. 그래서 만들어진 핵융합 밀폐 장치가 바로 '토카막(TOKAMAK, TOroid KAmera MAgnit Katushka)'입니다.

김상욱 이 토카막이 개발된 게 언제입니까?

장호건 1950년대 중반이에요. 이미 러시아 과학자들이 1956년에 토카막을 만들었고요. 'TOKAMAK'도 러시아 어에서 유래한 거고요. 1968년에 열린 국제 원자력 기구(IAEA) 회의에서 토카막을 공개해서 미국, 유럽으로도 전해졌죠. 그 후에 토카막이 핵융합 밀폐 장치의 해결책으로 받아들여집니다.

플라스마와 과학자의 힘겨루기

강양구 그럼, 이제 고온의 플라스마를 가두는 문제는 해결이 된 건가요?

장호건 아까 생명체 얘기를 했었죠? (웃음) 처음에는 해결이 된 것처럼 보였죠. 토카막 개발을 진두 지휘한 러시아 과학자 레프 아치모비치(1909~1973년)가 있어요. '토카막의 아버지'로 불리죠. 이 과학자가 죽기 직전인 1973년에 이렇게 말했죠. "사회가 원할 때, 핵융합은 준비된다."

김상욱 그런 얘기를 할 때, 러시아의 토카막은 플라스마의 온도를 얼마나 올릴 수 있었나요?

장호건 지금과 비교하면 턱없이 낮았죠. 당시에 플라스마의 온도를 올릴 수 있는 방법은 아까 얘기했던 세 가지 중에서 마찰을 이용한 것밖에 없었으니까요. 하지만 플라스마를 확실히 통제할 수 있다고 생각한 거예요. 그럼, 이제 온도를 올리는 일만 남은 거잖아요. 그래서 그때부터 핵융합 밀폐 장치의 덩치가 커지기 시작합니다.

김상욱 가장 간단한 해결책을 선택했군요.

장호건 그렇죠. 다른 조건이 똑같다면 핵융합 밀폐 장치의 덩치가 키지면 더 많은 수소 기체를 집어넣어서 오랫동안 가두어 둘 수 있기 때문에 플라스마가 장치를 빠져나가기 전에 핵융합 반응 확률을 높일 수 있죠. 그리고 일단 핵융합 반응을 해서 점화가 되면 그건 성공이죠. 점화가 되면 수소만 계속 공급해 주면 되니까요. 그런데 결과적으로 이런 식의 접근은 큰 벽에 부딪쳤어요.

김상욱 가장 큰 원인은 뭔가요?

장호건 플라스마를 너무 얕잡아 본 거죠. (웃음) 우선 마치 난류와 같은 요동이 플라스마 내부에서 발견됩니다. 그럴 만했죠. 핵융합 밀폐 장치 안에 들어 있는 플라스마는 동적 평형 상태가 될 수 없죠. 끊임없이 가열하면서 외부 자극을 주잖아요. 당장 토카막 안쪽은 1억 도인데, 바깥쪽은 상온이에요. 엄청난 온도의 기울기가 있잖아요.

그런 기울기가 플라스마를 불안정하게 만들고, 그런 상황에서 아주 작은 규모의 난류가 플라스마에서 발생하는 거예요. 그리고 그런 난류에 의해서 에너지가 자꾸 외부로 새 나가는 현상이 반복됩니다. 이렇게 외부로 에너지가 새 나가기 시작하면 밑 빠진 독에 물 붓기죠. 그래서 1980~1990년대에는 이 플라스마 난류의 원인을 찾는 데 온갖 노력을 기울였죠.

김상욱 하이젠베르크가 그랬잖아요. 신을 만나면 자기가 물어보고 싶은 게 있다고. "도대체 난류가 왜 생기나요?" (웃음) 플라스마 난류 문제는 해결이 되었습니까?

장호건 쉽지가 않았죠. 1980년대 들어서 마찰이 아닌 다른 방식의 가열 방법이 도입되었죠. 아까 얘기했던 외부에서 중성자를 쏴 주거나(뜨거운 물 붓기) 전자파를 쏴 주거나(전자레인지) 하는 식으로요. 그런데 이렇게 외부의 에너지를 동원해서 온도를 2배 올려 주면 외부로 새 나가는 에너지는 4배가 되는 거예요.

이런 상황이 반복되면서, 심지어 회의론이 대두되기도 했어요. 플라스마의 에너지를 높일 수 없으면 핵융합 반응은 불가능하잖아요. 그런데 바로 이때 독일의 과학자들이 전혀 엉뚱한 방식으로 해법을 내놓았습니다. (웃음) '지금까지 에너지를 '10'씩 공급했다면, 아예 '100'을 넣어 보자.'

이명현 온도를 훨씬 더 높여 본 거군요.

장호건 네, 그랬더니 갑자기 토카막에서 에너지가 밖으로 새는 현상이 줄어든 거예요.

김상욱 온도를 2배 올려 주면 에너지가 4배로 샜는데, 아예 수십 배를 올려 주니 새는 에너지가 극적으로 줄어든 거군요. 왜 그런 거죠?

장호건 거기에 대해 많은 이론이 있지만 그러한 변화의 궁극적 이유는 아직 잘 모릅니다. 그래서 아까 생명체 같다는 얘길 한 거예요. 지금도 정량적으로 잘 이해를 못하고 있어요.

강양구 어쨌든 플라스마가 가장 좋아할 만한 최적의 상태를 우연히 맞춘 셈이네요. (웃음)

장호건 그렇죠.

이명현 일종의 '창발'이네요. (웃음) 특정한 조건에서 플라스마의 반응이 완전히 달라졌잖아요.

김상욱 그런데 왜 그랬는지 이유를 모르면 앞으로 더 나아갈 수 없을 텐데…….

장호건 이 문제는 핵융합 플라스마를 이해하는 데 아주 중요합니다. 그 이유를 설명하는 많은 이론이 나왔으며 저희도 그걸 계속 연구하고 있어요. 여기서 다 소개할 수는 없고요. (웃음) 아무튼 이 독일 과학자들이 내놓은 모델(H-모드)이 토카막을 살렸습니다. 지금 유럽 연합, 미국, 러시아, 일본, 중국, 인도, 우리나라 등이 공동으로 프랑스에 짓고 있는 ITER(International Thermalnuclear Experimental Reactor, '이터'라고 읽는다.)도 바로 이 H-모드 모델이에요.

핵융합로가 등장할 시점은……

강양구 지금까지 얘기를 정리해 볼게요. 핵융합 에너지는 수소 원자핵이 결합해서 헬륨 원자핵을 만들 때 나오는 에너지를 이용해서 물을 끓인 다음에 터빈을 돌려서 전기를 생산하는 방식이죠. 그런데 똑같은 양전기를 가진 수소 원자핵이 서로 밀어내는 전자기력(쿨롱의 힘)을 극복하고 결합하려면 상상을 초월하는 고에너지가 필요합니다.

여기서 두 가지 문제가 발생하죠. 첫째, 그런 고에너지 즉 높은 온도를 어떻게 얻을 것인가?

일단 양전기를 띠는 수소 이온과 음전기를 띠는 전자가 종횡무진 부딪치면서 나오는 마찰로 인한 에너지가 일차적으로 온도를 높이는 역할을 하죠. 그리고 1980년대부터는 끓는 물을 외부에서 붓는 것과 마찬가지로 중성자를 밖에서 공급하거나 혹은 전자레인지의 원리와 마찬가지로 전자파를 쏴 주는 방법이 고안되었죠. 하지만 여전히 1억 도 정도에 머무르고 있어요.

둘째, 1억 도가 넘는 플라스마를 어떻게 보관할 것인가? 자기장을 이용해서 플라스마가 용기에 닿지 않고 용기 안을 도는 토카막과 같은 핵융합 밀폐 장치가 고안됨으로써 일단 하나의 벽은 넘었죠. 하지만 여전히 그 밀폐 장치를 유체처럼 흐르는 플라스마를 완벽히 통제하는 데는 미치지 못했습니다. 일단 거칠게 정리하면 이렇죠?

장호건 네, 정말로 거칠게 정리하면 그렇습니다. (웃음)

이명현 방금 ITER 얘기도 나왔습니다만, 이제 지금이 어떤 상황인지 한 번 따져 보죠.

장호건 아까 우리나라의 KSTAR에서는 방사성 물질로 실험하기가 여의치 않기 때문에 중수소를 원료로 사용한다고 했었죠? ITER는 중수소와 삼중수소를 원료로 사용하고 있어요. 중수소와 삼중수소는 가장 낮은 온도에서 핵융합 반응이 가능하리라고 기대하고 있습니다. 한 1억 5000만 도에서 2억 도 정도요. 우선 2020년쯤 가동을 목표로 하고 있습니다.

강양구 그런데 여기 기사 제목을 한 번 읊어 볼게요. 한 신문의 기사인데요. "인공 태양, 핵융합로 세계 여섯 번째 뜬다."(2007년 9월), "한국 인공 태양 'KSTAR' 첫 불꽃"(2008년 7월), "한국도 '핵융합 반응' 성공했다."(2010년 10월). 이런 기사만 보면 핵융합 반응이 우리나라에서 성공한 것처럼 보이는데요. 그런데 또 2012년에는 플라스마 상태를 17초간 유지했다 하고.

김상욱 중국에서 플라스마 상태를 30초 동안 유지했다는 기사도 본 적이 있었죠. 도대체 이런 기사의 정확한 의미는 뭔가요?

장호건 보는 관점에 따라 다르겠지만, 제 의견을 말씀드릴게요. 저는 가끔 핵융합 관련 언론 기사를 볼 때마다 과장된 표현이나 과학적으로 맞지 않은 내용에 얼굴이 화끈거릴 때가 있는데 이야기하신 기사에서도 그런 내용이 보이네요. 이런 점은 언론과 연구자 모두 같이 노력해서 올바른 정보를 줘야 한다고 봅니다.

핵융합 장치를 인공 태양이라고 불러 왔기 때문에 KSTAR 장치를 우리나라의 인공 태양이라고 합니다. 첫 번째 기사는 KSTAR 장치가 완공되었다는 것이고, 두 번째 기사는 KSTAR에서 최초 플라스마 발생에 성공했다는 겁니다. 엄밀하게 말하면 우리는 중수소 반응을 하기 때문에 실제로 큰 핵융합 반응은 일어나지 않지요. 물론 중수소 반응에도 핵융합은 일어나지만 그건 아주 미미해요.

세 번째 기사는 바로 이 중수소 핵융합 반응이 KSTAR에서 일어났다는 것을 중수소 검출기로 검증했다는 겁니다. 우리나라의 KSTAR나 중국의 EAST(Experimental Advanced Superconducting Tokamak) 장치의 목적은 핵융합 반응 자체보다는 나중에 중수소-삼중수소 핵융합로의 운전 모델을 실험해 보는 거예요. KSTAR의 17초, 중국의 30초는 모두 H-모드 모델을 실제 핵융합로보다 훨씬 작은 규모에서 실험해 본 거예요.

그러니까 H-모드로 플라스마 상태를 몇 초간 유지했다는 겁니다. 만약 실제 핵융합로라면 17초, 30초 같은 게 큰 의미가 없죠. 왜냐하면 우리가 원하는 건 연속적인 핵융합로 운전이잖아요. 현 단계는 그러한 연속 운전을 위한 첫 계단을 밟은 수준이라고 보면 되겠습니다.

강양구 네, 필요한 건 핵융합 반응을 통해서 에너지가 지속적으로 나오고, 그걸로 물을 끓일 수 있어야죠.

장호건 여기서 중요한 건 지속성과 통제 가능성이에요. 충분히 긴 시간 동안 운전을 하다가, 필요하면 쉴 수도 있어야죠. 현재까지 H-모드 모델이 핵융합 반응을 시험할 만한 상태로 플라스마를 유지하는 데는, 다른 모델에 비해서 가장 합격점을 줄 만합니다. 그런데 그것이 얼마나 오랫동안 안정적으로 플라스마를 유지시킬지는 잘 알 수 없거든요.

그래서 바로 그 지속성을 실험하고 있는 거예요. 즉 지금 우리나라나 중국에서 하는 것은 핵융합 반응이 일어날 만한 플라스마 상태를 얼마나 안정적으로 유지할 수 있을지 실험하는 거예요. 17초, 30초 이런 뉴스는 다 그런 실험에 의미를 부여해서 발표한 거고요. 그러니까 핵융합 반응이 일어난 것은 아니에요. (물론 중수소 반응에 의한 미미한 양은 제외하고요.) 2020년쯤에 가동할 ITER에서는 진짜 핵융합 반응을 일으키는 게 목표죠.

강양구 그럼, ITER 전에는 수소 폭탄을 제외하고 지구상에서 핵융합 반응을 인공적으로 일으킨 적이 있었나요?

장호건 있었어요. 1991년에 영국의 JET(Joint European Torus)가 처음으로 중수소-삼중수소 핵융합 반응에 성공했고요. 1초 정도? JET는 1997년에 1초간 16메가와트의 열도 내놓는 기록도 세웠죠. 미국의 TFTR(Tokamak Fusion Test Reactor)도 일단 핵융합 반응에 성공은 했고요. 그런데 둘 다 H-모드 모델을 채용한 것은 아니라 그 성능은 그다지 좋지 않았죠. 더구나 이렇게 1초 정도 된 걸로 핵융합로를 만들 수는 없잖아요?

강양구 그러니까 우리나라에서 '인공 태양'은 없었군요.

장호건 인공 태양은 그냥 KSTAR 장치를 지칭하는 것이니……. 그것보다는 아직은 중수소-삼중수소 핵융합 반응이 없다는 것이 더 타당할 것 같네요. 한 가지만 덧붙이자면, 여전히 우리가 모르는 게 많아요. 예를 들어, 수소 원자핵과 수소 원자핵이 핵융합 반응을 하면 헬륨 원자핵이 생기잖아요. 헬륨 원자핵이 바로 알파(α) 입자예요. 이러한 고에너지 알파 입자가 핵융합로 안에 가득 차 있을 때 어떤 일이 발생할지 아직 잘 모르거든요.

김상욱 사실 ITER의 가장 중요한 목적 중 하나도 핵융합 에너지의 과학적, 기술적 타당성 검토거든요. 헬륨 원자핵, 즉 알파 입자에 열에너지를 가하면 우리가 몰랐던 어떤 이상한 행동을 할지 알 수 없죠. 들으면 들을수록 고온의 플라스마에 대해서 우리가 모르는 게 너무나 많다는 생각이 드네요.

장호건 일단 ITER는 진짜 핵융합 반응을 하는 플라스마 상태를 400초 정도 지속하는 걸 목표로 삼고 있거든요. 만약에 이 정도 시간 동안 고온의 플라스마를 효과적으로 제어하면서 핵융합 반응까지 일으킬 수 있다면 그건 충분히 의미가 있어요. 그 정도면 핵융합 반응이 일어날 때의 조건을 따져 볼 충분한 데이터가 축적되거든요.

강양구 KSTAR는 2022년까지 3억 도 이상에서 300초 이상의 플라스마 상태를 유지하는 걸 목표로 하더군요.

장호건 그 정도만 되면 대성공이죠.

이명현 아까 ITER는 방사성 물질인 삼중수소를 연료로 사용하잖아요. 그런데 바닷물에서 분리할 수 있는 중수소와 달리 삼중수소는 인공적으로 만들어야죠?

장호건 그것도 ITER가 해결해야 할 과제 중 하나죠. 리튬을 이용해서 삼중수소를 뽑아내는 값싸고 효율적인 방법을 개발해야 하거든요. 제 관심사가 플라스마 물리학이라서 그 얘기를 따로 언급 안 했습니다만, ITER에서 플라스마 물리학만큼 중요하게 취급되는 게 바로 그 과제를 해결하는 것입니다.

김상욱 이런 상황에서 지금 핵융합 발전이 언제쯤 가능한지를 물어보는 건 참 무의미한 질문이군요. 2020년쯤 ITER의 가동 결과를 보고 나서 얘기해야

겠는 걸요.

장호건 개인적으로는 이런 질문을 받을 때마다 이렇게 생각합니다. "핵융합 발전이 언제 가능할까요?" "아, 그건 바로, 저 같은 물리학자가 더 이상 필요가 없어질 때입니다." (웃음) 그러니까 핵융합 반응을 둘러싼 물리 현상을 속속들이 파악해서 더 이상 물리학자가 관심을 가지지 않을 때 비로소 핵융합 발전이 가능한 시점이라는 거예요.

강양구 멋진 말씀인데요. (웃음) 그나저나 우리나라는 김영삼 정부 때부터 정부 차원에서 핵융합 연구를 지원했잖아요. 우리나라의 수준은 얼마나 되나요?

장호건 제가 그런 평가를 함부로 할 만한 위치는 못 되고요. 그냥 평소 가지는 개인적인 생각만 얘기하죠. 일단 실험 쪽에서는 가장 효과적인 핵융합 반응로를 만들기 위한 노력이 계속해서 있어 왔죠. 예를 들어, 독일에서 고안한 H-모드, 미국의 I-모드, 일본과 미국의 ITB 같은 것이 그 대표적인 예입니다. 그런데 우리나라는 아직까지는 외국에서 고안한 모델을 따라가고 있습니다.

강양구 K-모드 같은 게 나와야 한다는 거죠?

장호건 세계적 수준에 도달하려면 그렇다고 해야겠지요. 그리고 이론 쪽에서는 대가가 나와야죠. 대가는 외국의 과학자도 인용하는 논문을 많이 쓴 과학자만 얘기하는 게 아니에요. 전통적인 관점을 가진 기존의 과학자들은 전혀 생각지 못한 문제를 제기하거나 혹은 해법을 제시한 과학자야말로 진정한 대가죠.

그런데 제가 알기로 아직 한국에서는 그런 대가가 없습니다.

아마 공학 쪽에서 핵융합 연구를 하는 분들은 저랑 생각이 약간 다를 텐데요. 지극히 개인적인 의견이라고 전제하고 들어 주셨으면 좋겠습니다.

강양구 장호건 선생님께서 핵융합 연구에서 손을 뗄 때, 비로소 인공 태양이 가능하겠군요. (웃음) 오늘 정말로 궁금한 게 많이 풀렸습니다.

김상욱 "물리학자가 관심을 끊을 때, 비로소 그것이 현실이 된다." 정말로 울림이 있는 메시지인 것 같습니다. 오늘 어려운 자리에 나와서 여러 가지 솔직한 얘기를 해 주셔서 고맙습니다.

장호건 다시 한 번 강조하지만, 지극히 개인적인 의견이라는 걸 전제하고 들어 주면 좋겠습니다. (웃음) 저도 오랜만에 즐거운 시간이었습니다.

이명현 오늘 고생하셨습니다.

핵융합을 향한 욕망

한 매체에 이번 수다가 소개되고 나서 참으로 난감한 문자 메시지를 받았습니다.

"설마 핵융합에 찬성하는 건 아니죠?"

평소 존경하던 한 환경 운동가가 보낸 것이었어요. 그 메시지를 받자마자 당혹스럽기 짝이 없었습니다. 사실 그때 저는 가이드로 기꺼이 나서 준 장호건 박사를 걱정하고 있던 참이었거든요. 왜냐하면, 막상 수다를 정리해 놓고 보니, 그간의 장밋빛 일색의 핵융합 기사와는 거리가 멀었으니까요.

정부 산하의 핵융합 연구소에서 일하는 과학자 입장에서는 이런 기사가 자칫하면 골칫거리가 될 수 있습니다. 한참 전 한 언론의 과학 담당 기자가 훈수 두듯이 했던 말도 떠올랐죠. "핵융합은 10년이 됐든, 30년이 됐든, 50년이 됐든 언젠가는 현실이 되지 않겠어요? 그럼, 지금 당장은 과학자들이 좀 과장해서 얘기해도, 같이 발맞춰 주는 게 우리 기자들 역할이죠."

이런 훈수를 무시하고서 현장의 과학자에게 골칫거리를 안겨 줘서 노심초사하고 있는 마당에 저런 문자 메시지까지 받았으니 마음이 어땠겠어요? 잠시 생각을 정리하고서, 전화를 걸어서 몇 분간 대화를 나누고 끊었습니다. 전화 통화 후에 마음은 더욱더 찜찜해졌습니다. 그 환경 운동가는 기사도 제대로 안 읽어 본 게 확실했으니까요.

핵융합을 옹호하는 것도 좋고 비판하는 것도 좋지만 최소한 기본적인 사실 관계는 제대로 파악하고서 잘잘못을 따지자는 입장 따위는 이런 상황 속에서는 설 자리가 없습니다. 앞의 그 기자나 이 환경 운동가가 평소 '사실(fact)'을 굉장히 강조해 온 이들이라는 걸 염두에 두면 더욱더 난감한 일이었죠.

아무튼 기왕에 얘기가 나왔으니, 핵융합 에너지에 대한 솔직한 생각을 늘어놔 보는 것도 더 나은 토론을 위해서 도움이 되리라 생각합니다. 왜냐하면, 상당수 과학자를 포함해서 의외로 많은 사람이 핵융합이야말로 인류의 (유일한) 미래 에너지라고 믿기 때문입니다.

여기서는 구체적인 쟁점보다는 그런 생각의 전제에 문제 제기를 몇 가지 해 보고 싶습니다. 가끔 핵융합 에너지를 강하게 옹호하는 이들은 인류가 이 꿈의 에너지에 더 많은 비용을 지불하지 못하는 것을 타박합니다. 그러니까, 인류가 좀 더 많은 비용을 핵융합에 아낌없이 투자했더라면 지금쯤 우리는 그 에너지를 사용하고 있으리라는 지적입니다.

그럼, 현실은 어떨까요? 미국은 1950년대부터 약 50년간 200억 달러(약 20조 원)를 핵융합 에너지에 쏟아부었습니다. 같은 기간 태양, 풍력, 지열 등의 재생 가능 에너지(renewable energy)에 쏟아부은 돈은 얼마일까요? 놀라지 마세요. 약 200억 달러로 비슷합니다. 만약 태양광 발전에 핵융합만큼의 투자를 했다면, 지금 세상의 모습은 어떨까요?

과학자 중 상당수는 자연, 그러니까 태양을 모방하는 것이야말로 지극히 자연스러운 접근 중 하나라고 여기는 것 같습니다. 핵융합을 통해서 만들어진 태양 에너지를 이용하는 우리가 그것을 재현해 보려고 노력하는 건 필연적인 귀결이라는 식이죠. 그런데 이런 생각은 어떤가요?

그런 식의 접근이라면, 작은 태양을 거대한 용기 안에 억지로 집어넣는 것보다는 태양 에너지를 저마다 필요한 에너지로 변환해서 사용하는 것이야말로 훨씬 더 자연스럽지 않을까요? 예를 들어, 태양 에너지를 화학 에너지로 변환시켜서 생명의 기본 요소를 만들어 내는 광합성이야말로 우리가 어떻게든 따라해 보려고 노력해야 할 탐구 대상이 아닐까요?

프랑스에 건설 중인 ITER의 경우, (계속 늘어나고 있기는 합니다만) 사업비만 150억 유로(약 20조 원!)에 달합니다. 만약 그만 한 돈을 20~30퍼센트를 넘지 못하는 태양 전지의 효율을 개선하는 데 사용한다면 세상은 어떻게 바뀔까요? 높은 효율의 값싼 태양 전지가 나온다면, 그것이야말로 또 다른 미래 에너지가 아닐까요?

마침 2014년 9월에 IBM은 태양광 발전기의 효율을 최고 80퍼센트로 끌어올릴 수 있는 새로운 방법을 내놓았습니다. 그 발상도 흥미롭습니다. 수많은 반도체가 집적된 고성능 컴퓨터가 제 기능을 하려면 냉각 기능이 필수입니다. IBM은 슈퍼 컴퓨터의 과열을 방지하는 냉각 기술을 가지고 있었죠.

그런데 태양광 발전기도 사정은 마찬가지입니다. 태양광 발전기의 태양 전지는 햇빛을 전기로 바꿉니다. 그런데 그 과정에서 햇빛은 태양광 발전기 자체를 가열합니다. 결국 고온은 태양 전지의 효율을 떨어뜨리죠. 햇빛으로 전기를 만드는 태양광 발전기의 온도를 떨어뜨리는 일이 중요한 것도 이 때문입니다.

IBM은 바로 이 대목에 주목합니다. 슈퍼 컴퓨터의 과열을 방지하는 냉각 기술을 태양광 발전기에 도입한 것이죠. 슈퍼 컴퓨터에 이용하는 냉각수가 흐르는 미세한 관을 태양광 발전기에 배치하면 온도를 낮출 수 있습니다. 당연히 태양 전지의 효율이 높아지죠. 그럼, 태양광 발전기를 거치면서 데워진

물은 어떻게 할까요?

이 데워진, 정확히 말하면 끓는 물은 지역의 난방에 활용할 수 있습니다. IBM은 끓는 물의 증기를 모아서 자연 냉각시키면 별도의 외부 전력이나 여과 장치 없이 증류수를 만들 수 있다는 사실도 강조합니다. 태양 에너지로 전기, 온수 심지어 깨끗한 물까지 얻을 수 있는 일석삼조의 해법이 나온 것이죠. 이런 접근, 핵융합 에너지와 비교해 보면 어떻습니까?

한마디만 덧붙이죠. 어쩌면 핵 발전소의 원자로에서 핵융합로로 이어지는 핵에너지에 대한 인류의 꿈은 두 가지 근원적인 욕망과 맞닿아 있는지도 모르겠습니다. 하나는 한 번 작동되면 영원히 돌아가는 무한 동력 장치, 즉 영구 기관을 향한 욕망입니다. 사실 대중이 핵융합 에너지에 혹하는 것도 그것이 영구 기관의 이미지를 연상시키기 때문이죠.

또 다른 것은 바로 '거대 기계'를 창조하려는 욕망입니다. 만약 핵융합로가 진짜로 만들어진다면, 그것이야말로 인류가 창조한 가장 거대한 기계 중 하나가 되겠죠. 하지만 그런 거대 기계는 항상 통제의 문제가 뒤따릅니다. 과연 우리는 그 거대 기계를 잘 길들여서, 마치 영구 기관에 기대하듯이 에너지 문제를 영원히 해결할 수 있을까요? 여러분 생각은 어떠세요?

에필로그

과학 수다, 그 뜨거웠던 과학 커뮤니케이션의 용광로

김상욱 경희 대학교 물리학과 교수

수다[수:다]: 쓸데없이 말수가 많음. 또는 그런 말.

수다는 즐겁다. 그렇지 않다면 그 많은 카페나 술집은 다 폐업해야 할지도 모른다. 정의에 의하면 수다란 쓸데없이 떠든다는 뜻이다. 대체 쓸데가 정확히 어딘지는 모르겠지만 말이다. 암튼 과학으로 수다를 떨 수 있다는 사실은 그 자체로 많은 사람들을 경악하게 만드는 것 같다. 아니 얼마나 이야기할 주제가 없으면 과학으로 수다를 떨까? 더구나 그것은 쓸데 있는(!) 일 아닌가? 학생들이 학교 이야기로 수다를 떨듯, 과학자들은 과학으로 수다를 떤다. 과학의 수다는 때로 빡빡한 과학 논쟁으로 이어지기도 한다. 이런 과학자들의 수다를 날것 그대로 일반인에게 전달해 보면 어떨까? '과학 수다'는 이런 아이디어에서 시작되었다.

과학을 일반인에게 설명하는 것은 쉽지 않다. 과학을 알지 못하면 할 수 없는 일인데, 일단 과학적 내용을 제대로 이해하는 것 자체가 엄청난 노력을 요하는 일이다. 또, 아는 것과 설명을 쉽게 하는 것은 별개라는 것이 문제다. 옆집 할머니에게 설명할 수 없다면 진정으로 이해한 것이 아니라고 아인슈타인이 말했다지만, 모든 과학자가 아인슈타인일 수는 없는 노릇이다. 더구나 이런 능력을 가진 과학자라도 시간이 없거나 이런 일을 할 만한 이유를 찾지 못하는 경우도 많다. 그들에게는 과학 하는 것이 더 중요한 일이기 때문이다.

과학자의 강연을 녹취하거나 과학자와의 인터뷰를 정리하여 책으로 내는 묘수가 여기서 나온다. '과학 수다'는 여기서 좀 더 진화한 형태라고 볼 수 있겠다. 과학 전문가를 모시고 네댓 명이 모여서 수다를 떨 듯 자연스럽게 이야기를 하면, 과학적 내용은 물론 평소 듣기 어려운 깨알 같은 뒷얘기도 끄집어 낼 수 있을 것이라 기대한 것이다. 우리의 예상이 맞았는지는 책을 읽어 보면 알 수 있다.

문홍규 박사님을 모시고 진행했던 '근지구 천체' 이야기는 나에게 큰 충격을 주었다. 지금까지 나는 소행성이 지구에 접근하면 사과나무를 심어야 하는 줄 알았다. 소행성이 지구에 떨어지지만 않았으면, 이번 주말 티라노사우루스를 보러 쥐라기 공원에 갈지도 모를 일이다. 사실 나는 핵전쟁이나 환경 오염보다 소행성 충돌이 더 무서웠다. 이건 협상도 불가능하고, 미리 알기도 어렵고, 알아도 피할 길 없는 그야말로 속수무책의 재앙이기 때문이다. 이런 것 때문에 인류가 멸종한다면 얼마나 허망할까? 그런데 소행성을 피하는 것이 아니라 포획하여 돈 버는 사업이라니! 내가 고정으로 쓰는 신문 칼럼에 이 사업을 소개할 만큼 나에게 영향을 준 수다였다. 이쯤 되면 수다가 아니라 세례라고 해야 할라나.

뇌 과학은 그 자체로 거대한 분야다. 몇 시간의 수다를 통해 그 내용을 모두 다룰 수 없는 주제다. 그런 의미에서 김승환 교수님과 나눈 뇌 과학 수다는 특별했다. 물리학자가 뇌를 보는 관점에 초점을 맞추었기 때문이다. 환원주의와 복잡계 과학으로 시작하는 것도 이 때문이다. '의식'이 무엇이냐는 질문은 어차피 아직 답이 없는 것이라 수다의 진정한 주제라 할 만하다. 그래도 전문가를 모신 수다는 보통의 수다와는 격이 다르다. 다양한 이론과 적절한 사례들이 제시되기 때문이다. 이해가 잘 안 되면 즉시 물어보면 된다! 물리학으로 시작된 수다는 생리학, 양자 역학을 거쳐 심리학, 철학으로 이어졌다. 이런 식이면 하루 종일 수다 떨 기세였다고 할까.

양자 역학 역시 몇 시간 수다로 해결될 주제는 아니다. 그래서 2012년 노벨 물리학상에 집중하기로 했다. 내가 물리학 전문가였지만, 철학자인 이상욱 교수님이 더 주도적으로 설명하시는 진풍경이 나오기도 했다. 역시 수다는 지식이 아니라 말발이다. 기생충에 대한 수다도 비슷한 측면이 있었다. 서민 교수님과 정준호 박사님을 동시에 한자리에 모셨다는 것이 사건이라면 사건이었다. 두 분도 서로 만난 것이 처음이라니 '과학 수다'가 특종을 한 셈이다. 나는 두 분의 책을 모두 읽은 터라, 수다 내용에 특별히 새로운 것은 없었다. 하지만, 기생충계의 스타 두 사람이 보여 준 기생충에 대한 사랑 경쟁은 그 자체로 흥미로웠다. 앞에 기생충이 한 마리 있다면 두 분이 서로 먹겠다고 싸울 것이 분명했다. 아무튼 책 두 권에 두 저자의 사인을 모두 받는 횡재까지 했다!

투명 망토를 주제로 수다를 떨기로 했을 때, 개인적으로는 약간 실망의 느낌이 있었다. 물리적으로는 빤한 내용인데, 사람들이 워낙 좋아해서 하는 주제가 아닌가 하는 의구심이 들었기 때문이다. 하지만, 막상 뚜껑을 열어 보니 내가 완전히 잘못 생각했다는 것을 알게 되었다. 박규환 교수님의 이야기는 수다라기보다는 강의에 가까웠는데, 너무 재미있어서 모두 넋을 잃고 지켜보기만 했다. 나도 처음엔 간간이 끼어들었지만, 결국 그냥 조용히 듣는 것이 최선이라는 결론에 도달했다. 도시를 지진파에 투명하게 만들어 지진을 피할 수 있다는 이야기에는 입이 딱 벌어졌다.

핵융합은 내가 개인적으로 궁금했던 주제다. 2001년 독일에서 핵융합 전문가의 세미나에 참석한 적이 있는데, 강연자의 말이 인상적이었기 때문이다. "20년 전 어떤 세미나에서 핵융합은 언제쯤 상용화될 것 같으냐고 제가 질문한 적이 있죠. 당시 연사는 20년 후라고 대답했습니다. 지금 누가 저에게 같은 질문을 한다면 저는 똑같은 답을 드릴 수밖에 없습니다. 20년 후." 과연 지금 핵융합 전문가들은 이 질문에 어떤 대답을 할까? 전문가로 모신 장호건 박사님은 개인적인 친분도 있어 정말 수다 같은 느낌으로 이야기를 진행할 수 있었다. '과학 수다'가 아니었으면 듣기 어려웠을 이야기가 오가서 아주 보람 있는 시간이었다. 아참, 핵융합이 대체 언제 상용화 되느냐면…… 책을 읽어 보시라.

3D 프린터의 과학 수다는 특별한 장소에서 이루어졌다. 3D 프린터 시연을 직접 보기 위해 고산 대표의 회사가 있는 세운상가를 방문했던 것이다. 세운상가는 내가 고등학생 때 나름 뻔질나게 드나들었던 추억의 장소다. 트랜지스터라디오를 제작한다며 부품을 구하러 다녔던 것인데, 결국 제대로 작동하는 라디오를 만들어 본 적은 없는 것 같다. 그래서 지금 이론 물리학을 하는지도 모른다. 당시 세운상가는 전자 부품만이 아니라 음란 잡지의 메카이기도 했다. 그래서였을까. 3D 프린터가 포르노 산업에 요긴하게 쓰일지 모르겠다는 멘트가 내 입에서 튀어나왔고, 덕분에 수다 내내 계속 씹히는 신세가 되었다. 진정한 의미의 수다였다는 말이다.

'과학 수다'는 나에게 특이한 경험이었다. 강양구 기자야 인터뷰 경험이 많으니 아주 새로운 것은 아니었을 거라 생각한다. 하지만, 나는 강연이나 인터뷰는 해 봤지만 다른 과학자들과 격식 있게 수다를 떠는 공식(?) 행사는 해 본 적이 없다. 나는 이 행사가 너무 재미있어서, 일정이 잡히면 만사 제치고 출장을 떠났다. 초청 전문가들도 여럿이 앉아 주거니 받거니 말을 하니까 훨씬 편안하다는 반응이다. 거창하게 후기라고 이 글을 쓰고는 있지만, 한마디로 나는 너무너무 재미있었다가 결론이다. 그런데 이런 멋진 결과물까지 나왔으니 이 보다 더 좋을 수는 없다. 시즌 2에 대한 욕망이 활활 불타오른다.

우주에 물체가 하나 있으면 등속 직선 운동만 할 수 있다. 2개가 되면 원추 곡선으로 기술되는 운동을 할 수 있다. 여기까지는 완벽한 답이 존재한다. 이제 물체가 3개가 되면 카오스(chaos)가 일어난다. 예측 불가능한 상황이 된다는 말이다. 강연이나 인터뷰보다 수다의 결과가 풍성할 수 있는 동역학적 이유랄까? 수다에 참여해 주신 모든 분들께 감사드린다.

에필로그

'쉽게'보다는 '친절하게' 과학을 들려주는 이야기

이명현 과학 저술가/천문학자

과학은 어렵다. 사실 그렇지 않은 학문이 어디 있겠는가. 어려운 탐구 과정을 거쳐서 숨겨진 진실에 다가가서 마주하는 순간, 과학의 경이로움을 만끽할 수 있을 것이다. '과정'을 즐기는 것이야말로 실체에 다가가는 거의 유일한 길이라고 생각한다. 초등학생도 이해할 수 있도록 과학의 어떤 내용을 한마디로 쉽게 설명해 달라는 기자들의 요청을 가끔씩 받는다. 대중매체의 속성을 감안하더라도 변명의 여지없이 어처구니없는 일이다. 그런 것이 가능하리라고 생각한다는 것 자체가 엄청나게 어리석은 것이다. 그런 어처구니없는 요구를 받아도 나는 속은 부글거리지만 내가 할 수 있는 한 쉽게 설명하려고 노력하는 편이다. 하지만 꼭 한마디는 덧붙인다. 이 세상에 초등학생도 이해할 수 있을 만큼 쉬운 현대 과학은 없다! 다만 그 내용에 대해서 가능한 한 친절하게 설명하려고 노력한다는 점을 밝힌다. 친절하게 설명하기 위해서는 시간이 걸린다. 듣는 사람도 경청하는 태도를 견지할 필요가 있다. 이야기를 들을 시간적 여유가 있고 의도가 있는 기자들에게 나는 다른 모든 일을 뒤로 미루고 '친절한 설명'을 하곤 한다. '쉽게'보다는 '친절하게' 과학에 대한 이야기를 차분하게 하고 싶었다.

《프레시안》 강양구 기자는 '황우석 사태' 같은 사회적으로 가장 뜨거운 이슈가 있을 때 항상 그 현장에 있었다. 그는 사건의 사회적 영향을 제대로 파악하는 혜안을 가졌다. 나는 그가 사건의 실체를 파악하는 능력을 갖춘 배경에 그가 견지하고 있는 과학적 인식론이 자리 잡고 있다고 생각한다. 강양구 기자는 생물학을 전공했지만 그의 시선은 늘 과학의 경이로움보다는 과학의 사회적 영향에 가 있었다. 덕분에 우리는 사회적 이슈의 근원에 과학이 어떻게 작동하고 영향을 미치는지에 대한 그의 이야기를 들을 수 있었다. 그의 논리 전개 방식은 그 자체가 과학적 방법론을 따라가고 있었다. 과학을 바탕으로 세상을 바라보는 훈련이 되어 있는 기자였다. 그런 그의 인식론 때문에 때로는 진영 논리에 매몰된 같은 진영의 지인들로부터 비난을 받기도 했다. 강양구 기자가 사태 판단의 근거로 '정치적 이익'보다는 '보편적 가치'를 내세우는 것을 자주 봐 왔다. 과학적 인식론의 힘이라고 생각한다. 나는 늘 세상과의 최전선에 서 있는 그가 가끔씩은 과학의 경이로움의 지대로 넘어오기를 바라고 있었다.

어느 날 강양구 기자가 이슈가 되는 과학 이야기를 깊이 있고 차분하게 다루는 기획을 해 보고 싶다는 이야기를 했다. 기뻤다. 나는 친절한 과학 이야기를 할 준비가 되어 있었고 강양구 기자는 이제 잠시 과학의 경이로움의 세계로 들어올 준비가 된 것이었다. 마침 2011년 9월 24일 빛보다 빠른 뉴트리노가 발견되었다는 충격적인 보도가 나왔다. 10월 26일 물리학자인 이강영 박사와 이종필 박사 그리고 박상준 SF 평론가를 모시고 이 주제를 바탕으로 대담을 했다. 내가 사회를 보고 강양구 기자가 보조 사회 겸 정리를 맡았다. 충분히 이야기를 나누기 위해서 대담회는 비공개로 진행되었다. 강양구 기자가 책임 정리한 이 대담의 녹취록은 2011년 11월 4일 '물리학자의 과학 수다'라는 제목을 달고 《프레시안》에 발표되었다. 이 책 『과학 수다』의 시작이었다.

내가 과학 문화 위원으로 활동하고 있는 아시아 태평양 이론 물리 센터(APCTP) 과학 문화 위원회에다 《프레시안》의 '과학 수다'를 APCTP에서 발행하는 웹진 《크로스로드》에 실을 수 있는지 문의했다. 반응이 좋아서 '과학 수다'를 대담 한 편과 대담 내용과 관련된 책을 소개하는 에세이를 같이 싣는 형식으로 확대하기로 결정됐다. 모든 글을《크로스로드》와《프레시안》에 동시에 올리는 것으로 협의가 되었다. 사이언스북스도 이 단계에서 기획에 참여해서 나중에 책으로 출판할 기반도 마련되었다. 사회는 내가 맡기로 했다. 정리는 강양구 기자의 몫이었다. '과학 수다'를 진행하면서 주제에 따라서 강양구 기자와 김상욱 교수가 나와 함께 사회자의 역할을 같이 맡는 경우가 많아졌다. 특별한 주제에 대해서는 주 대담자와 함께 대담을 더 윤택하게 만들어 줄 보조 대담자를 초대하기도 했다.

2012년 노벨 물리학상을 받은 아로슈와 와인랜드의 양자 물리학 실험에 대해서 양자 물리학자 김상욱 교수와 과학 철학자 이상욱 교수를 초대해서 대담을 한 결과를 2013년 1월《크로스로드》와《프레시안》에 올리면서 본격적으로 '과학 수다'가 시작되었다. 2014년 3월까지 계속된 '과학 수다' 시즌 1에서는 '암흑 에너지'나 '힉스 입자' 같은 근원적인 주제로부터 '핵에너지'나 '3D 프린팅' 같은 현안 문제까지 폭넓은 주제를 다뤘다. 공개 대담회 형식으로 '카오스 이론'을 다루었던 때를 제외하면 모든 대담은 비공개로 진행되었다. 충분히 이야기를 나누고 충분히 공감할 수 있는 친절한 콘텐츠를 만들어 보자는 기획자들의 의도가 반영된 결과였다. 공개 대담으로 진행되었던 '카오스 이론' 편과 비공개로 진행되었던 융합적 주제를 다룬 '빅히스토리' 편이 편집 과정에서 이 책에서 빠진 것은 유감이다. 공개 대담회는 성격상 내용의 밀도가 떨어질 수밖에 없었을 것이다. 현장의 분위기를 전달할 수 있다는 장점에도 불구하고 제외됐다. '빅히스토리' 편은 '과학 수다'의 다른 내용과 좀 편차가 있었다. 편집부에서 고민 끝에 제외한 것으로 안다. 한편 수긍이 가면서도 아쉬움까지 감출 수는 없다. '닥터 K'라는 이름으로 '과학 수다'에서 줄기세포에 대한 이야기를 나눴던 '황우석 사태'의 최초 제보자는 이제 '류영준'이라는 자신의 이름으로 세상에 나왔다. 그 사건 이후 첫 언론 대담을 우리와 함께 해 줬던 류영준 교수께 감사를 드린다.

비슷한 시기에 독립적으로 피어오르기 시작한 강양구 기자와 나의 문제의

식이 만나서 시작된 '과학 수다'가 이렇게 한 권의 책으로 나오게 된 것은 그동안 같이 작업한 모든 분들의 노력 덕분이다. '과학 수다'를 통해서 기획자들은 원래의 의도를 충분히 투영시킬 수 있었다. 만족한다.《크로스로드》와《프레시안》에 연재되는 동안 독자들로부터 과분한 사랑의 말을 들었다. 핵심적인 내용을 비껴가지 않고 어려운 과학 이야기를 깊지만 친절하게 들려주는 콘텐츠에 독자들이 목말라 하고 있었다는 것으로 해석하고 받아들인다. 책으로 나오는 '과학 수다'는 그런 감흥을 다시 한 번 느낄 수 있게 해 줄 것으로 생각한다. 이 책은 '과학 수다' 시즌 1의 최종 기록물이다. 더 재미있는 주제를 갖고 시즌 2에서 다시 만났으면 하는 바람이 있다. 독자 여러분들의 지속적인 관심과 사랑을 바란다.

출연진 소개

강양구 지식 큐레이터

연세 대학교 생물학과를 졸업했다. 1997년 참여연대 과학 기술 민주화를 위한 모임(시민 과학 센터) 결성에 참여했다. 《프레시안》에서 과학·환경 담당 기자로 일했고, 부안 사태, 경부 고속 철도 천성산 터널 갈등, 대한 적십자사 혈액 비리, 황우석 사태 등에 대한 기사를 썼다. 앰네스티언론상, 녹색언론인상 등을 수상했다. 《코메디닷컴》의 콘텐츠 본부장(부사장)을 역임했다. 『세 바퀴로 가는 과학 자전거 1, 2』, 『아톰의 시대에서 코난의 시대로』, 『밥상 혁명』(공저), 『침묵과 열광』(공저), 『정치의 몰락』(공저) 등을 저술했다.

고산 타이드 인스티튜트 대표

1976년 서울에서 태어나 서울 대학교에서 수학을 전공하고, 같은 학교 대학원에서 인지 과학을 공부하였다. 2005년부터 2007년까지 삼성 종합 기술 연구원에서 연구원으로 근무하였고 2006년 대한민국 우주인 최종 후보로 선발되었다. 2007년, 러시아 유리 가가린 우주인 훈련 센터에서 1년간 우주인 훈련을 받았고 2009년 8월까지 한국 항공 우주 연구원 정책 기획부에서 선임 연구원으로 재직하였다. 2011년부터 창업 지원 전문 비영리 단체인 타이드 인스티튜트(TIDE Institute) 대표를 역임하고 있으며, 2013년 3D 프린터를 만드는 벤처 기업 에이팀 벤처스(ATEAM Ventures)를 창업하였다.

김병수 성공회 대학교 열림교양대학 교수

대학에서 생명 공학과 과학 기술학을 공부했으며 참여연대 시민 과학 센터 간사, 생명 공학 감시연대 정책 위원, 국가 생명 윤리 심의 위원회 유전자 전문 위원을 지냈다. 현재는 성공회 대학교 열림교양대학 교수로 재직 중이며 시민 과학 센터 부소장으로 활동하고 있다. 생명 공학 논쟁, 과학 기술에서의 시민 참여, 전자 감시 사회 등에 관심이 많다. 지은 책으로는 『한국 생명 공학 논쟁』, 『침묵과 열광』(공저), 『시민의 과학』(공저)이 있으며, 옮긴 책으로는 『인체 시장』(공역), 『시민 과학』(공역) 등이 있다.

김상욱 경희 대학교 물리학과 교수

KAIST에서 물리학으로 학사, 석사, 박사 학위를 받았다. 포항 공과 대학교, KAIST, 독일 막스플랑크 연구소 연구원, 서울 대학교 BK 조교수, 부산 대학교 물리 교육과 교수를 거쳐 현재 경희 대학교 물리학과 교수로 재직 중이다. 동경 대학교, 인스부르크 대학교 방문 교수를 역임했다. 주로 양자 과학, 정보 물리를 연구하며 60여 편의 SCI 논문을 게재했다. 저서로 『김상욱의 양자 공부』, 『김상욱의 과학 공부』, 『영화는 좋은데 과학은 싫다고?』 등이 있다. 《과학동아》, 《국제신문》, 《무비위크》 등에 칼럼을 연재하였으며, 국가 과학 기술 위원회 '톡톡 과학 콘서트', TEDxBusan, 팟캐스트 '과학 같은 소리 하네' 등에 출연하며 과학을 매개로 대중과 소통하는 과학자다.

김승환 포항 공과 대학교 물리학과 교수

서울 대학교 물리학과를 졸업하고 미국 펜실베이니아 대학교 물리학과에서 박사 학위를 받았다. 코넬 대학교 및 프린스턴 고등 연구소 연구원, 케임브리지 대학교 방문 교수 등을 거쳐 현재 포항 공과 대학교 물리학과 교수로서 국가 지정 비선형 및 컴플렉스 시스템 연구실장을 맡고 있다. 한국 물리학회 회장, 아시아 태평양 물리학 연합회 회장, 한국 과학 창의 재단 이사장 등을 역임했다.

김창규 SF 작가/번역가

2005년 과학기술창작문예 중편 부문에 당선, 《판타스틱》, 《네이버 오늘의 문학》, 《크로스로드》 등에 단편을 게재했고, 단편집 『독재자』, 『목격담, UFO는 어디서 오는가』 등에 참여했다. 현재 SF 판타지 도서관에서 SF 창작 강의를 하고 있다. 번역서로는 『뉴로맨서』, 『은하수를 여행하는 히치하이커를 위한 과학』, 『이상한 존』, 『므두셀라의 아이들』, 『영원의 끝』 등이 있다.

류영준 강원 대학교 의학 전문 대학원 교수

고신 대학교 의과 대학을 졸업하고 서울 대학교 의과 대학에서 「생명 윤리 및 안전에 관한 법률」로 박사 학위를 받았다. 서울 대학교 수의과 대학에서 줄기 세포학 석사 및 박사 과정도 수료했다. 고려 대학교 병원과 서울 아산 병원에서 병리과 전문의로 일했다. 현재 강원 대학교에서 병리학, 줄기 세포학, 인문 사회 의학을 가르치고 있으며, 한국 바이오 뱅크 네트워크 강원 지역 거점 은행장, 보건 복지부 자문 위원 등을 맡고 있다.

문홍규 한국 천문 연구원 책임 연구원

어려서부터 천문학에 관심이 많아 과학책 읽기와 별 보기를 즐겼다. 연세 대학교에서 천문학 전공으로 박사 학위를 취득했으며 1994년부터 한국 천문 연구원에서 근무하고 있다. 2006년부터 UN 평화적 우주 이용 위원회 AT14 근지구 천체 분야 한국 대표로 일하고 있으며, '2009 세계 천문의 해' 한국 위원회 사무국장 겸 대표로 활동했다. 현재 태양계 소천체 연구와 우주 감시 프로젝트에 동시에 참여하고 있다.

박규환 고려 대학교 물리학과 교수

서울 대학교 물리학과를 졸업하고 미국 브랜다이스 대학교 물리학과에서 중력 이론에 대한 연구로 박사 학위를 받았다. 메릴랜드 대학교, 케임브리지 대학교 연구원을 거쳐 경희 대학교 교수, 로체스터 대학교 방문 교수 등을 역임하고, 현재 고려 대학교 물리학과 교수로 전자기파 극한 제어 연구단 단장을 맡아 나노 광학 분야 연구를 해 오고 있다.

박상준 서울 SF아카이브 대표

SF 및 교양 과학 전문 기획 번역가이자 칼럼니스트로 활동해 왔다. 장르 문학 전문지 《판타스틱》의 초대 편집장과 SF 전문 출판사 오멜라스의 대표를 지냈으며, 『화씨 451』, 『라마와의 랑데부』 등의 번역서와 『로빈슨 크루소 따라잡기』, 『상대성 이론, 그 후 100년』 등의 공저를 포함하여 30여 권의 책을 냈다. 한양 대학교 지구 해양 과학과를 졸업하고 서울 대학교 대학원 비교 문학과를 수료했다.

서민 단국 대학교 의과 대학 교수

서울 대학교 의학과를 졸업하고 동 대학원에서 기생충 연구로 박사 학위를 받았다. 현재 단국 대학교 의과 대학에서 기생충학을 가르치고 있다. 기생충이 부당하게 탄압받는다는 것을 깨달은 뒤 책과 강연 등을 통해 기생충에 대한 오해를 풀기 위해 노력하고 있다. 저서로는 『서민의 기생충 열전』, 『EBS 다큐프라임 기생』(공저) 등이 있다.

송기원 연세 대학교 생화학과 교수

연세 대학교 생화학과를 졸업하고 미국 코넬 대학교 생화학 및 분자 생물학과에서 박사 학위를 받았다. 미국 밴더빌트 대학교 의과 대학 연구원을 거쳐 1996년부터 연세 대학교 생화학과에서 학생들과 함께 배우고 가르치고 있다. 전공 과학 연구 외에도 생명 과학과 관련된 사회 문제에 관심을 갖고 있으며, 연세 대학교 언더우드 국제 대학 과학 기술 및 정책 전공 겸직 교수이기도 하다. 지은 책으로 『생명』과 공저인 『생명 공학과 인간의 미래』, 『멋진 신세계와 판도라의 상자』, 『의학과 문학』, 『세계 자연사 박물관 여행』 등이 있다.

윤태웅 고려 대학교 전기 전자 공학부 교수

서울 대학교 제어 계측 공학과에서 학부와 석사 과정을 마치고, 옥스퍼드 대학교에서 제어 이론 연구로 박사 학위를 받았다. 한국 과학 기술 연구원(KIST)에서 편안하게 연구하다, 1995년부터 고려 대학교에서 학생들과 함께 하고 있다. 강의실에서는 논리적 사고와 수학적 사고를 강조하고 한국어 바로 쓰기에 관해 이야기하기도 한다. 대학원생들과는 연구 윤리를 주제로 토론하기도 한다. 커피 내려 마시길 즐기고, 절터 유람하며 사진 찍길 좋아한다.

이강영 경상 대학교 물리 교육과 교수

서울 대학교 물리학과를 졸업하고 KAIST에서 입자 물리학 이론을 전공해서 박사 학위를 받았다. 고등 과학원, 서울 대학교, 연세 대학교 연구원 및 KAIST, 고려 대학교, 건국 대학교 연구 교수를 거치며 힉스 입자, 여분 차원, CP 대칭성, 암흑 물질, 가속기에서의 입자 물리학 현상 등 입자 물리학의 여러 주제에 대해 60여 편의 논문을 발표했다. 저서 『LHC 현대 물리학의 최전선』으로 2011년 한국 출판 문화상을 받았고, 『보이지 않는 세계』, 『파이온에서 힉스 입자까지』를 썼다. 현재는 경상 대학교 물리 교육과 교수로 재직하면서 우주와 물질의 근원에 대해 연구하고 있다.

이명현 과학 저술가/천문학자

네덜란드 흐로닝언 대학교 천문학과에서 박사 학위를 받았다. '2009 세계 천문의 해' 한국 조직 위원회 문화 분과 위원장으로 활동했고 한국형 외계 지적 생명체 탐색(SETI KOREA) 프로젝트를 맡아서 진행했다. 현재 과학 저술가로 활동 중이다. 『빅히스토리 1: 세상은 어떻게 시작되었을까?』와 『이명현의 별 헤는 밤』, 『과학하고 앉아 있네 2: 이명현의 외계인과 UFO』를 저술했다.

이상욱 한양 대학교 철학과 교수

서울 대학교 물리학과를 졸업하고 동 대학원에서 양자적 혼돈 현상에 대한 연구로 석사 학위를 받은 후, 과학사 및 과학 철학 협동 과정으로 옮겨 과학 철학 박사 과정을 마쳤다. 그 후 런던 대학교에서 자연 현상을 모형을 통해 이해하려는 작업에 대한 연구로 철학 박사 학위를 받았고, 이 논문으로 2001년 '로버트 맥켄지상'을 수상했다. 그 후 런던 정경 대학 철학과 객원 교수를 거쳐 현재 한양 대학교 철학과 (과학 기술 철학) 교수로 즐겁게 학생을 가르치며 배우고 연구하고 있다. 지은 책으로(이하 공저) 『과학 윤리 특강』, 『욕망하는 테크놀로지』, 『과학으로 생각한다』, 『과학 기술의 철학적 이해』, 『뉴턴과 아인슈타인: 우리가 몰랐던 천재들의 창조성』 등이 있다.

이정모 서울 시립 과학관 관장

연세 대학교 생화학과와 동 대학원을 졸업하였다. 독일 본 대학교 화학과 박사 과정에서 수학하였으나 박사는 아니다. 안양 대학교 교양학부 교수를 거쳐 현재 서울 시립 과학관 관장으로 일하고 있다. 『과학하고 앉아 있네 1: 이정모의 공룡과 자연사』, 『달력과 권력』, 『유전자에 특허를 내겠다고』 등을 썼고 『마법의 용광로』, 『인간 이력서』, 『매드 사이언스북』 등 독일어와 영어로 된 책을 우리말로 옮겼다.

이종필 건국 대학교 상허 교양 대학 교수

서울 대학교 물리학과를 졸업하고 같은 대학교 대학원에서 입자 물리학으로 석사, 박사 학위를 받았다. 한국 고등 과학원, 연세 대학교, 고려 대학교 등에 재직했다. 현재 건국 대학교 상허 교양 대학 교수로 재직 중이다. 저서로는 『물리학 클래식』, 『이종필의 아주 특별한 상대성 이론 강의』 등이 있으며, 번역서로는 『블랙홀 전쟁』, 『최종 이론의 꿈』, 『물리의 정석: 고전 역학편』, 『물리의 정석: 양자 역학편』, 『스티븐 호킹의 블랙홀』 등이 있다.

장호건 국가 핵융합 연구소 선행 물리 연구부장

고려 대학교 전기 공학과를 졸업하고 재야 학회인 성남 물리학회에서 물리를 접한 후 KAIST 물리학과에서 핵융합 플라스마 물리학 이론으로 박사 학위를 받았다. 이후 KSTAR 장치의 물리학적 설계 계산과 핵융합 플라스마의 거시적 안정성 등에 관한 연구를 수행하였으며 국가 핵융합 연구소(WCI) 핵융합 이론 센터 부센터장을 역임하고 현재 선행 물리 연구부장으로 재직하고 있다.

정준호 과학 저술가/기생충학자

런던 위생 열대 의학 대학원에서 기생충학 석사를 졸업했다. 기생충과 사랑에 빠진 기생충 애호가로서 기생충에 대한 오해를 풀고, 그들의 매력을 홍보하기 위한 일들을 하고 있다. 스와질란드와 탄자니아에서 기생충 관리 사업 담당자로 일하기도 했다. 『기생충, 우리들의 오래된 동반자』를 쓰고 『말라리아의 씨앗』을 옮겼다.

채승병 삼성 경제 연구소 수석 연구원

KAIST 물리학과에서 비선형 동역학과 복잡성 과학을 연구하였으며, 통계 물리학 연구 방법론을 금융 시장에 적용한 경제 물리학으로 박사 학위를 받았다. 졸업 후인 2006년부터 삼성 경제 연구소 복잡계 센터에 합류하여 광범위한 경제, 경영 현안을 복잡성 과학의 시각으로 분석하고 시뮬레이션 기법을 적용해 해법을 모색해 왔다. 이러한 문제 의식하에서 한국 정책 수립의 근간이 되는 지식의 생성-유통-소비 구조를 분석한 정책 지식 생태계 연구, 과거 외환 위기 및 금융 위기 당시의 국내외 경제 주체들의 상호 작용 동학 연구, 급격하게 변화해 가는 경영 환경 속에서 빠르게 적응, 변신해 나갈 수 있는 기업의 역량 연구 등 여러 경제, 경영 분야 연구를 수행하였다. 2011년부터는 빅 데이터 분야의 정책 연구 및 현장의 각종 분석 과제에 매진하고 있다. 저서로는 『빅 데이터, 경영을 바꾸다』, 『변신력, 살아남을 기업의 비밀』, 『이머전트 코퍼레이션』, 『복잡계 개론』 등이 있다.

황재찬 경북 대학교 천문 대기 과학과 교수

서울 대학교 천문학과를 졸업하고, 미국 텍사스 대학교에서 천문학 박사 학위를 받았으며 지금은 경북 대학교 천문 대기 과학과 교수로 재직하고 있다. 전공은 우주론이며 우주 생물학과 인간의 미래에 관심을 가지고 있다.

찾아보기

ㅇ

ㅊ

과학 수다 2권

빅 데이터에서 투명 망토까지
누구나 듣고 싶고 말하고 싶은 7가지 첨단 과학 이야기

1판 1쇄 펴냄 2015년 6월 12일
1판 7쇄 펴냄 2022년 4월 30일

지은이 이명현, 김상욱, 강양구
펴낸이 박상준
펴낸곳 (주)사이언스북스

출판등록 1997. 3. 24.(제16-1444호)
(06027) 서울시 강남구 도산대로1길 62
대표전화 515-2000, 팩시밀리 515-2007
편집부 517-4263, 팩시밀리 514-2329
www.sciencebooks.co.kr

ISBN 978-89-8371-740-5 (2권)
978-89-8371-738-2 (전2권)